CD-ROM付
BASIC/98対応版
アルゴリズム

ベーシックによる
天球のラビリンス
図形アルゴリズム集

以方極圓図数經

佐俣 満夫

丸善プラネット

はじめに

　本アルゴリズム集は天球のラビリンス（佐俣満夫：天球のラビリンス—切断代数と離散球体論—，丸善プラネット）の姉妹版である．天球のラビリンスのバックには多くのアルゴリズム群が存在するが，本書はそのアルゴリズムのうちで重要な図形のアルゴリズムだけを集めて本とCDにしたものである．

　球の周りを何個のサイコロで覆えるかといった素朴な問いは昔から誰もがもったのではないだろうか．その答えがなかなか思いつかないのは，丸いものに四角いものを並べることをイメージすることが難しかったからであろう．天球のラビリンスは初歩的集合知識さえもっていれば使っている数式は高校生でも理解できるものばかりである．一見難しそうに思えるのはこの幾何イメージに慣れていないからと思われる．この幾何イメージを養うにはビジュアル化された対象を劇画的に見るのが一番である．

　そこで，本アルゴリズム集では天球のラビリンスの中の重要な図形を厳選して25例を取り上げ，その1つ1つの図形作成アルゴリズムに詳細な解説を加えた．これらのアルゴリズムはベーシックで書かれており，付録としてCD（BASIC/98版）1枚を付けてある．

　本アルゴリズム集は研究者はもちろん，大学生，小・中・高校の教育者あるいは数学愛好家，企業技術者など幅広い読者を対象としている．それは今日情報のデジタル化による可視化技術の発展には目覚ましいものがあり，最近では3Dプリンターの出現にまで至っている．本アルゴリズム集はこれらの技術に基礎数学を提供することができるからである．欧米などでは数学の開発には初歩的言語が往々にして用いられる．それは高級言語による過度な自動修正を避けるためである．それは同時にわかりやすさも伴う．よって，ここでは初歩的言語であるベーシック言語を用いている．

　内容の概要は天球のラビリンス本文に沿って第1章〜第5章に分かれる．第1章では2次元での円と長方形，1/2三角コア，1/4三角コアの円周，円面への積み上げ図とマンダ構造の作成による10個の図形アルゴリズムから構成されている．第1章には積み上げの基本構造が述べられており，この基本アルゴリズムは以後の章で使われるのでよく慣れておくとよい．また，第1章ではルートや円周率を数えること，マンダ構造の意味など興味深い問題が扱われている．第2章では楕円が取り上げられ2次元での長方形，1/2三角コア，1/4三角コアの楕円周，楕円面への積み上げ図の4個の図形アルゴリズムから構成されている．ここでは円から楕円の移行過程と，補正について学んでほしい．座標軸原点と楕円中心点の偏差だけでそのための補正項はアルゴリズムの半分を占めるようになる．第3章は格子とその反転群の2つの図形アルゴリズムとなっている．第4章では3次元での球とトーラスへの直方体コアの積み上げでの作図を取り上げている．スケルトン図はコア積み上げの領域分割法にとって必要な幾何構造であり，球とトーラスで

の展開図からは天球のラビリンスにその詳細が述べられている4つの計測方法の原理と関係がわかるようになっている．とりわけ4.4節のアルゴリズム：SPRSは本書でのメインアルゴリズムであり，球表面への直方体コアの被覆が立体的に操作できるようになっている．第5章は球体類とその運動に関する章であり，主に回転図形を扱っている．傾斜楕円の楕円周と楕円面への長方形コアの積み上げ方法や自由円板のスケルトン図である．また，最後の5.4節のアルゴリズム：SMGPは球体類の動的画像作成アルゴリズムであり，本書でのもう1つのメインアルゴリズムである．このアルゴリズムによって球体類とは何かということが画像から理解できるようになっている．

　各アルゴリズムには読者に理解しやすいように，その概要と解説が付いており，天球のラビリンス本文での参照図も載せるようにした．また，各アルゴリズム中にも天球のラビリンス本文の参照式や各モジュールの説明を簡素にして載せてある．さらに，概要や解説中には小学生による円周率の数え方からカラビ・ヤウ多様体まで今日的話題も載せてなるべく楽しく読めるように配慮した．

　本書の読み方としては，まず付属のCDをBASIC/98ソフト（電脳組）により立ち上げ，入力条件により図形変化を種々に試し，十分その幾何構造を理解してから，天球のラビリンスの本文と本書のアルゴリズムを1つ1つ対比確認することを勧める．

2014年12月1日

著者記す

汎 用 例

（1）本アルゴリズム集では天球のラビリンス（Labyrinth Celestial Sphere）からの引用が多い．
そこで天球のラビリンス：本に略字を設ける．

$$\text{天球のラビリンス} \Rightarrow \text{LCS 本}$$

これより，たとえば，

$$\text{天球のラビリンスの図 1.1.1} \Rightarrow \text{LCS 本図 1.1.1}$$

となる．特に，アルゴリズム中の説明では

$$\text{天球のラビリンスの図 1.1.1} \Rightarrow \text{図 1.1.1}$$
$$\text{天球のラビリンスの式 (1.1.1)} \Rightarrow \text{式 (1.1.1)}$$

と記述する．

（2）アルゴリズムでの変数の汎用例

座標原点と多様体の中心点 P との偏差 Δx, Δy, Δz は

$$\Delta x = \text{XP}$$
$$\Delta y = \text{YP}$$
$$\Delta z = \text{ZP}$$

とし，積み上げるコアの x 辺長：a, y 辺長：b, z 辺長：c とすると

$$a = \text{WX}$$
$$b = \text{WY}$$
$$c = \text{WZ}$$

で与えられる．なお，各偏差と辺長の間には

$$0 \leq \Delta x < a, \ 0 \leq \Delta y < b, \ 0 \leq \Delta z < c \tag{S1}$$

の関係がある．

楕円での軸径は

$$x \text{ 方向軸径} = \text{QX}$$
$$y \text{ 方向軸径} = \text{QY}$$
$$z \text{ 方向軸径} = \text{QZ}$$

である．しかし，アルゴリズムによってはこれらと異なる記号を用いる場合がある．また，回転角度を入力するアルゴリズムでは直接角度（ラジアン）で入力するのではなく角度係数で入力するようになっている．

(3) 整数交点 IJP について

　　IJP の検出問題はコンピュータでの基本問題である．すなわち演算より出された数は，整数なのか実数なのかを本質的にコンピュータによって区別できるのかという問題である．本書では，コンピュータがある数 G を出したとき，CINT 関数（少数以下を四捨五入）を用いて

$$|G-CINT(G)|<10^{-6} \quad \rightarrow \quad 整数$$

BASIC/98 では　ABS(G-CINT(G))<1D-006

として，近似的に G の値を判別している．これは G=1（整数）の場合，コンピュータ上で G=1.00…01 または G=0.99…99 と表示される場合があるからである．

ベーシックについて

　アルゴリズムはすべて BASIC/98 により書かれている．したがって，付属の CD を使用するには BASIC/98 ソフトを必要とする．この言語ソフトは旧来の N 88 や MS-DOS 版を引き続いており，その意味で元々の原初性も引き継いでいる言語となっている．また，国内でのパソコンの普及とともに小～大学での文教関係でのプログラミングの入門言語として活用されてきたという経緯があり，これらを勘案してアルゴリズム作成は BASIC/98 上で行った．アルゴリズムの説明に当たって行番号があると大変わかりやすい利点があるので行番号は残してある．さらに，アルゴリズムの作成は旧来からの基本言語のみを使用しており，version に関わる新機能の使用は省いてあるので，BASIC/98 の広い version で作動できる（詳しい内容はメーカーに問い合わせてほしい）．また，アルゴリズムの作成に当たっては理解しやすいように同じ式やループをその都度記述するなどしてあり，ダウンサイジング化はなされていないので，実際より長文となっている．

CD-ROM の操作について

　付属の CD-ROM 中には本書に載せられている BASIC/98 ソフトで書かれた 25 個のアルゴリズムがそのままの形で収められています．したがって BASIC/98 ソフト上でのみ作動します．

＜アルゴリズムの形式＞

　各アルゴリズムは拡張子（.bas）が付いており，ファイル名は（アルゴリズム名.bas）の形式となっています．たとえば，アルゴリズム：CMF 1 のファイル名は（CMF1.bas）となります．

＜BASIC/98 ソフトでのファイルの読み込み＞

　パソコンに付属の CD-ROM を装着し，BASIC/98 ソフト（以下，ソフトという）を立ち上げます．

　ソフトの上部バーから「ファイル」を選択し「開く」をクリックします．

　ファイルのオープン画面の上部バーに CD-ROM へのパスをつなぎます．

　このとき，画面に 25 個の（アルゴリズム名.bas）のファイルが存在することを確認してください．

　読み込みたいファイルをクリック（アクティブ）して右下の「開く」をクリックします．

　この時点でソフトの黒画面にはファイルが読み込まれています．

　黒画面内に「RUN」と打ち込みリターンもしくは F5 ファンクションキーなど run キーを押すとファイルは画像を画きます．

　さらに本文にあるアルゴリズムの数値変更などは EDIT や LIST のコマンドにより画面にアルゴリズムを打ち出させ変更します．

　詳しくは BASIC/98 ソフト（電脳組）「マニュアル」などを参照してください．

　注意：本 CD-ROM の所在者以外のパソコンなどで使用された場合に，ファイルまたは修正されたアルゴリズムをそのパソコンまたは周辺機器に残した場合，CD-ROM のコピーまたは転送等の禁止事項に該当する場合がありますので使用後は消去してください．

目　次

はじめに……i

汎用例……iii

第1章　2次元円のアルゴリズム

1.1　アルゴリズム：CMF 1（切断距離関数のグラフ）……………………………………3
1.2　アルゴリズム：CMF 2（切断距離関数の配列構造）…………………………………6
1.3　アルゴリズム：CRRP（長方形コア円周積み上げ図）………………………………9
1.4　アルゴリズム：CSFP（長方形コア円面積み上げ図）………………………………14
1.5　アルゴリズム：CHTR（1/2三角コア円周積み上げ（菱形配列を含む）図）………17
1.6　アルゴリズム：CQTR（1/4三角コアの円周積み上げ図）…………………………25
1.7　アルゴリズム：MAND 1（単位正方形コアのマンダ（Ⅰ）の図）…………………31
1.8　アルゴリズム：MAND 2（単位正方形コアのマンダ（Ⅱ）の図）…………………34
1.9　アルゴリズム：CXYF（同心円内のDCおよびNDC群の図）……………………38
1.10　アルゴリズム：CNDCF（円周に積み上げられたNDCコアの図）………………42

第2章　2次元楕円のアルゴリズム

2.1　アルゴリズム：ERRP（長方形コアの楕円周の積み上げ図）………………………49
2.2　アルゴリズム：ESFP（長方形コアの楕円面の積み上げ図）………………………53
2.3　アルゴリズム：EHTR（1/2三角コア楕円周の積み上げ（菱形配列を含む）図）…56
2.4　アルゴリズム：EQTR（1/4三角コア楕円周の積み上げ図）………………………66

第3章　格子と円のアルゴリズム

3.1　アルゴリズム：MIG 1（円内の反転群の図）…………………………………………73
3.2　アルゴリズム：LMIG（格子円と反転円の図）………………………………………76

第4章　3次元球とトーラスのアルゴリズム

4.1　アルゴリズム：SKST（球のスケルトン図）…………………………………………81

4.2　アルゴリズム：DLFP 1（球の展開図（第 1 象限））……………………………84
4.3　アルゴリズム：DLFP 2（球の展開図（第 3 象限））……………………………90
4.4　アルゴリズム：SPRS（球の直方体コア立体積み上げ図）………………………96
4.5　アルゴリズム：IETDF（等比楕円環トーラスの展開図（第 1 象限））…………105

第 5 章　球体類と運動のアルゴリズム

5.1　アルゴリズム：RENG（傾斜楕円周への長方形コアの積み上げ図）……………115
5.2　アルゴリズム：REEG（傾斜楕円面への長方形コアの積み上げ図）……………121
5.3　アルゴリズム：FRTN（回転円板のスケルトン図）………………………………125
5.4　アルゴリズム：SMGP（3 次元球体類の回転図）…………………………………131

おわりに……135

第 1 章

2次元円のアルゴリズム

1.1 アルゴリズム：CMF 1（切断距離関数のグラフ）

アルゴリズム：CMF 1 は，LCS 本図 2.2.2 の作成アルゴリズムである．図 2.2.2 は，離散距離関数 CMF とよばれる長方形コアが円周を被覆したときに形成される離散関数列となっている．この離散関数列は線形系では見られないパターンをもっている．また，そのパターンは擬似放物線の集合となっている．この CMF の構造は LCS 本のいたるところでその断片が見られる．

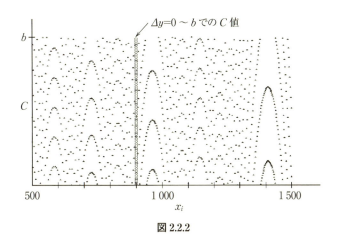

図 2.2.2

＜アルゴリズムの解説＞

アルゴリズムは 2 つのモジュールから構成されており，1 モジュールは x_i 値を指定した C 値のグラフである（行番号 290-580）．2 モジュールは指定された x_i 値の Δy 値の 0〜b までのプロットとなっている（行番号 620-700）．アルゴリズムの行番号 180-270 は入力値である．200 行の x_i の始点値と 210 行 x_i の終点値はそれぞれ 100 単位の整数値入力となっている．220 行の TP は RP 1 から TP 番目の x_i 値の入力であり，リターンにより，その x_i 値での 0〜WY の間の C 値がプロットされる．このとき，TP 値を大きく取りすぎると RP 2 より外れるので注意する．

```
100 ' " CMF1 "
110 ' Point of Cutting Measurement Function by M.Samata
120 ' Graph of C-F(C):C=(SQR(R^2-(X-XP)^2)+YP Change YP=0 - 1
130 SCREEN 3,0,0,1:CONSOLE 0,25,0,1:WIDTH 80,25:CLS 3
140 WIDTH LPRINT 70
150 PA=3.14159265358979#      :'πの値
160 CLS 3
170 ' - - - - - -
180 RR=4000.2                 :'円の半径
190 ' - - - - - -
200 RP1=800                   :'Xiの始点値　（100単位設定）
210 RP2=1500                  :'Xiの終点値　（100単位設定）
220 TP=205                    :'ＲＰ１よりＴＰ番目のＸｉ値の指定
230 ' - - - - - -
240 XP=.4#                    :'ΔXの値
250 YP=1.5#                   :'ΔYの値
260 WX=1.3#                   :'コアのX辺長さ
270 WY=3.3#                   :'コアのY辺長さ
280 ' - - - - - -
290 XA=100   : XA2=550        :'座標原点（作図用）
300 YA=350   : YA2=100
310 YB=200
320 AAX=(XA2-XA)/(RP2-RP1)               :'グラフのスケール値
330 AAY=(YA-YA2)/WY
340 LINE (XA,YA)-(XA2+50,YA)             :'グラフ作図
350 LINE (XA,YA)-(XA,YA2-30)
360 LINE (XA+5,YA2)-(XA-5,YA2)
370 FOR I=RP1+100 TO RP2 STEP 100        :'Xi値の100間隔（作図）
380 X1=XA+(I-RP1)*AAX
390 LINE (X1,YA-5)-(X1,YA+5)
400 NEXT I
410 FOR I=RP1 TO RP2 STEP WX   :'Xi値の始点から終点までのループ
420 ' - - - - - - - - -
430 YJ=SQR(RR^2-(I-XP)^2)+YP   :'式 (2.2.3)
440 YYJ=YJ/WY                  :'式 (2.2.4)
450 C=YJ-WY*FIX(YYJ)           :'式 (2.2.5)
460 ' - - - - - - - - -
470 X1=XA+(I-RP1)*AAX
480 Y1=YA-C*AAY
490 PSET(X1,Y1)                :'Ｃ値のドット
500 NEXT I
510 '
520 TT=RP1+TP*WX
530 YJ=SQR(RR^2-(TT-XP)^2)+YP  :'Xi値のＴＰ値でのＣ値計算
540 YYJ=YJ/WY
550 C=YJ-WY*FIX(YYJ)
560 X1=XA+(TT-RP1)*AAX
570 Y1=YA-C*AAY
580 CIRCLE (X1,Y1),3,3         :'ＴＰ値でのＣ値のドット
590 '
600 INPUT B$                   :'リターン
610 '
620 X1=XA+(TT-RP1)*AAX
630 FOR J=.01 TO 1 STEP .02    :'ＴＰでのＣ値（0～b)の計算
640 JJ=J*WY
650 YJ=SQR(RR^2-(TT-XP)^2)+JJ  :'ΔＹ＝0～ＷＹでの変化
660 YYJ=YJ/WY
670 C=YJ-WY*FIX(YYJ)
```

```
680 Y1=YA-C*AAY
690 CIRCLE (X1,Y1),2,6              :' ＴＰでの（0～b)のドット
700 NEXT J
710 PRINT" CMF1 "
720 PRINT"   R=";RR
730 PRINT"RP1=";RP1
740 PRINT"RP2=";RP2
750 PRINT" TP=";TP
760 PRINT" XP=";XP
770 PRINT" YP=";YP
780 PRINT" WX=";WX
790 PRINT" WY=";WY
800 INPUT C$
810 CLS 3
820 END
```

1.2 アルゴリズム：CMF 2（切断距離関数の配列構造）

アルゴリズム：CMF 2 は，LCS 本図 2.2.3 の作成アルゴリズムである．図 2.2.2 が CMF の大局的パターンを示すのに対して，図 2.2.3 は離散点列の局所的な移行パターンを調べている．x_i の初期値に対して x_i の次の点列がどのように動くかを CMF 2 で見ることができる．次の点列は決して同じ擬似放物線上にはないことがわかる．

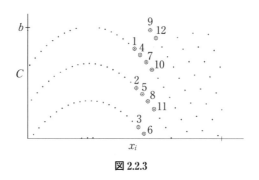

図 2.2.3

＜アルゴリズムの解説＞

行番号 180-510 は CMF 1 と同じである．行番号 520-640 が行番号 230 の RP 1 から TP 番目の x_i 値の 1 つ 1 つの増加に対する C 値のドット位置を示している．このとき，TP 値を大きく取りすぎると RP 2 より外れるので注意する．600 行の INPUT B$ のリターン入力により，順に C 値を表示するようになっており，B$ ="1" の入力により計算（ドットの図示）を終了する．

```
100 ' " CMF2 "
110 ' by M.Samata
120 ' C value with increasing one Xi from <CMF1>
130 SCREEN 3,0,0,1:CONSOLE 0,25,0,1:WIDTH 80,25:CLS 3
140 WIDTH LPRINT 70
150 PA=3.14159265358979#    :'πの値
160 CLS 3
170 ' - - - - - -
180 RR=6000.2               :'円の半径
190 ' - - - - -
200 RP1=2000                :'Xiの始点値(100単位)
210 RP2=2200                :'Xiの終点値(100単位)
220 ' - - - - - 計測Xi値の始点の設定
230 TP=80                   :'RP1からTP番目のXi値
240 ' - - - - -    リターンでXi値が+WX増加
250 XP=.7#                  :'ΔXの値
260 YP=.3#                  :'ΔYの値
270 WX=1.2#                 :'コアのX辺長さ
280 WY=2.3#                 :'コアのY辺長さ
290 ' - - - - -
300 XA=100   : XA2=550      :'300-510はCMF1と同じ
310 YA=350   : YA2=100
320 YB=200
330 AAX=(XA2-XA)/(RP2-RP1)
340 AAY=(YA-YA2)/WY
350 LINE (XA,YA)-(XA2+50,YA)
360 LINE (XA,YA)-(XA,YA2-30)
370 LINE (XA+5,YA2)-(XA-5,YA2)
380 FOR I=RP1+100 TO RP2 STEP 100
390 X1=XA+(I-RP1)*AAX
400 LINE (X1,YA-5)-(X1,YA+5)
410 NEXT I
420 FOR I=RP1 TO RP2 STEP WX
430 ' - - - - - - - - -
440 YJ=SQR(RR^2-(I-XP)^2)+YP
450 YYJ=YJ/WY
460 C=YJ-WY*FIX(YYJ)
470 ' - - - - - - - - -
480 X1=XA+(I-RP1)*AAX
490 Y1=YA-C*AAY
500 PSET(X1,Y1)
510 NEXT I
520 TT=RP1+TP*WX
530 YJ=SQR(RR^2-(TT-XP)^2)+YP  :'530-640でループ計算
540 YYJ=YJ/WY
550 C=YJ-WY*FIX(YYJ)
560 X1=XA+(TT-RP1)*AAX
570 Y1=YA-C*AAY
580 CIRCLE (X1,Y1),3,3      :'C値のドット
590 '
600 INPUT B$                :'リターン入力でWXずつ増加
610 '
620 IF B$="1" THEN 650      :'1の入力で計算中止
630 TT=TT+WX                :'Xi値の増加
640 GOTO 530
650 PRINT" CMF2 "
660 PRINT"   R=";RR
670 PRINT"RP1=";RP1
```

```
680 PRINT"RP2=";RP2
690 PRINT" TP=";TP
700 PRINT" XP=";XP
710 PRINT" YP=";YP
720 PRINT" WX=";WX
730 PRINT" WY=";WY
740 INPUT C$
750 CLS 3
760 END
```

1.3 アルゴリズム：CRRP（長方形コア円周積み上げ図）

アルゴリズム：CRRP は，LCS 本図 2.3.2 の作成アルゴリズムである．円周を被覆する長方形コア RCT の積み上げ構造は LCS 本での基本操作である．円周に積み上げられた RCT は LCS 本図 2.3.2 に見られるように，x 列に並べられた最上段コア TPC（○）と y 列に並べられたコア（×）に分かれる．この違いは円弧のもつ単調性 f_0 と RCT の積み上げ原理による．また，円周への RCT の積み上げ個数はアルゴリズムによらなくても計算式で得られ，その結果も示してある．

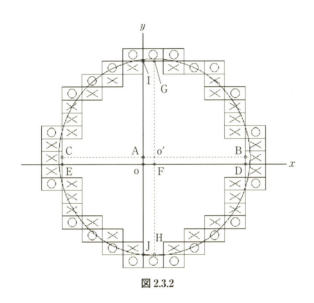

図 2.3.2

＜アルゴリズムの解説＞

本アルゴリズムにおいて QK= の入力は，QK=1 では整数交点のみのコアは計測しないが，QK=0 の入力ではこれを計測する．QKQ= の入力では QKQ=0 を入力すると，LCS 本図 2.3.2 と同じくコアを TPC（○）と y 列コア（×）を図中に表示し，QKQ=1 ではこの表示を省く．行番号 240-280 は円半径，コアの辺長，Δx, Δy の入力値である．本書でも LCS 本と同じく象限変換法を用いているため，行番号 310, 320 はそのための象限変換係数の指定である．行番号 330-830 は第 1〜4 象限（L=1〜4 で指定）までの補正を含めた RCT の積み上げ操作である．行番号 850-1190 は積み上げられたコアの図形アルゴリズムである．また，行番号 1250-1630 は LCS 本 2.4 節に記された計算式作成のためのアルゴリズムである．また，行番号 1650 に円周への RCT 積み上げの離散構造式を示す．したがって，出力の N= で実際のコア計測数，FW= で計算式によるコア数，DSE= で離散構造式によるコア数をそれぞれ比較することができる．

```
100 '    "CRRP "
110 ' Rectangle Cores  piling around Circumference
120 ' All Cores pile up Method + Calcu.Eq by M.Samata
130 SCREEN 3,0,0,1:CONSOLE 0,25,0,1:WIDTH 80,25:CLS 3
140 WIDTH LPRINT 70
150 PA=3.14159265358979#    :'πの値
160 DIM PX(500,4),PY(500,4),N(4),SX(4),SY(4)
170 DIM UM(500,4)
180 CLS 3
190 ' - - - - - -
200 QK=1              :' 整数交点を含む時はQK=0
210 ' - - - - - -
220 QKQ=1             :' 最上段コア、最上段なしコアを
230 ' - - - - - -       図示する場合はＱＫＱ＝０
240 R=7.3#            :'    円の半径
250 XP=.7#            :'    ΔＸの値
260 YP=.45#           :'    ΔＹの値
270 WX=1.3#           :'    コアのＸ辺長さ
280 WY=.8#            :'    コアのＹ辺長さ
290 ' - - - - - -
300 NN=0 : KP=0 :KP1=0 : KP2=0
310 SX(1)=1 :SX(2)=-1 :SX(3)=-1 :SX(4)=1 :'Ｘ軸象限変換係数
320 SY(1)=1 :SY(2)= 1 :SY(3)=-1 :SY(4)=-1 :'Ｙ軸象限変換係数
330 FOR L=1 TO 4       :'式 (2.3.4)
340 IF L=1 THEN X=XP  : Y=YP  : RT=R  :'340-370行は式 (2.3.2) の半径
350 IF L=2 THEN X=-XP : Y=YP  : RT=R
360 IF L=3 THEN X=-XP : Y=-YP : RT=SQR(R^2-Y^2)
370 IF L=4 THEN X=XP  : Y=-YP : RT=SQR(R^2-Y^2)
380 FQ=(RT+X)/WX      :'式 (2.3.5)
390 FF=FIX(FQ)        :'式 (2.3.6)
400 CP=0
410 IF ABS(FQ-CINT(FQ))<1D-006 AND QK=1 THEN FF=CINT(FQ) : CP=1 : KP2=KP2+1 : '式 (2.3.9)
420 B1=0 : N=0
430 ' - - Ｘ軸での計測と補正
440 IF L=1 OR L=2 THEN 450 ELSE 470
450 FFX=FIX((SQR(R^2-Y^2)+X)/WX)   :'式 (2.3.25)
460 ' - - - - - -
470 FOR J=CP     TO FF             :'式 (2.3.10)
480 AA1=FF-J                       :'式 (2.3.10)
490 A1=AA1*WX                      :'式 (2.3.11)
500 A2=A1-X                        :'式 (2.3.12)
510 VB=(R^2-A2^2)                  :
520 IF VB<=0 THEN B=Y : GOTO 540   :'ＶＢの負値補正
530 B=SQR(VB)+Y       :'式 (2.3.12)
540 IF L=1 AND J=FF OR L=4 AND J=FF THEN B=(R+Y):'式 (2.3.14)
550 BC=B/WY : B2=FIX(BC)  :'式 (2.3.15)  (2.3.16)
560 IF L=1 AND J=FF OR L=4 AND J=FF THEN 590 ELSE 660
570 ' - - 式 (2.3.20)
580 ' - - Ｙ軸の補正と計測
590  BB1=SQR(R^2-(WX-X)^2)+Y : BB2=SQR(R^2-X^2)+Y
600 ' - - 式 (2.3.18)  (2.3.19)
610 BD=BB1             :'式 (2.3.20)
620 IF BB1>BB2 THEN BD=BB2 :'式 (2.3.20)
630 BDD=BD/WY : B1=FIX(BDD) :'式 (2.3.21)
640 IF ABS(BDD-CINT(BDD))<1D-006 THEN B1=CINT(BDD):'交点
650 ' - - - - - -
660 KP=0
```

```
670 IF ABS(BC-CINT(BC))<1D-006 AND QK=1 THEN KP=QK :B2=CINT(BC)-1 : KP
1=KP1+1
680 '－－式 (2.3.22)
690 FOR I=B1 TO B2         :'式 (2.3.27)
700 '
710 N=N+1:PY(N,L)=I*SY(L)*WY:PX(N,L)=A1*SX(L): '式 (2.3.28)
720 UM(N,L)=1              :'最上段コア（○）
730 IF I=B2 THEN UM(N,L)=2 :'最上段なしコア（×）
740 NEXT I
750 B1=B2                  :' Y値を次のステップにわたす
760 IF KP=1 THEN B1=B2+1   :'式 (2.3.23)
770 '－－X軸補正       －－－
780 IF L=1 OR L=2 THEN 790 ELSE 810 :'式 (2.3.26)
790 IF AA1>FFX THEN B1=0
800 '－－－－－－－
810 NEXT J
820 N(L)=N                 :'各象限でのコア計測数
830 NEXT L
840 '
850 CX=300       :' 850-1190行　作図ルーチン
860 CY=270
870 CR=180       : RX=CR/R : CC=RX*(R -1)
880 A=CR/R       : CCY=CY-A*YP: CCX=CX+A*XP: CCR=A*R
890 LINE (70 ,CY)-(570,CY)
900 LINE (CX, 30 )-(CX, 440)
910 X1=CX+A*XP   : Y1=CY-A*YP
920 UX=WX*A : UY=WY*A
930 FOR J=1 TO 4
940 AX=UX*SX(J) : AY=UY*SY(J)
950 FOR I=1 TO N(J)
960 X1=CX +A*PX(I,J) : Y1=CY - A*PY(I,J)
970 X2=CX +A*(PX(I,J)+WX*SX(J)): Y2=CY - A*(PY(I,J)+WY*SY(J))
980 LINE(X2,Y2)-(X1,Y1),,B      :'コアの作図
990 '
1000 IF QKQ=1 THEN 1100          :'コア作図の分岐
1010 '
1020 IF UM(I,J)=2 THEN 1030 ELSE 1050
1030 X21=X1+AX*.5# : Y21=Y1-AY*.5#
1040 CIRCLE (X21,Y21),A*.3#      : GOTO 1080
1050 X21=X1+AX*.25# : Y21=Y2+AY*.25# : X22=X1+AX*.75# : Y22=Y2+AY*.75#
1060 LINE (X21,Y21)-(X22,Y22)
1070 LINE (X21,Y22)-(X22,Y21)
1080 IF I=1    THEN X(J)=X1
1090 IF I=N(J) THEN Y(J)=Y1
1100 NEXT I,J
1110 LINE (CCX,CCY)-(CCX,CCY-A*R),,,2
1120 LINE (CCX,CCY)-(CCX,CCY+A*R),,,2
1130 LINE (CCX,CCY)-(CCX+A*R,CCY),,,2
1140 LINE (CCX,CCY)-(CCX-A*R,CCY),,,2
1150 FOR I=0 TO 2*PA STEP .005           :'円の作図
1160 XA=R*COS(I)+XP : YA=R*SIN(I)+YP
1170 X11=CX+A*XA : Y11=CY-A*YA
1180 PSET (X11,Y11)
1190 NEXT I
1200 N1=0 : FU=0
1210 FOR I=1 TO 4
1220 N1=N1+N(I)             :'全コア数の計測
1230 NEXT I
```

```
1240 '
1250 '---ＬＣＳ本２．４でのコア数計算式
1260  FU=0
1270  FT(1)=(R+XP)/WX           : FM1 =FIX(FT(1)) : F(1)=FM1+1
1280  FT(2)=(R+YP)/WY           : F(2)=FIX(FT(2))
1290  FT(3)=(SQR(R^2-XP^2)+YP)/WY : F(3)=FIX(FT(3))
1300  FT(4)=(R-XP)/WX           : FM4 =FIX(FT(4)) : F(4)=FM4+1
1310  FT(5)=(SQR(R^2-YP^2)-XP)/WX : FM5 =FIX(FT(5)) : F(5)=FM5+1
1320  FT(6)=(SQR(R^2-XP^2)-YP)/WY : F(6)=FIX(FT(6))
1330  FT(7)=(SQR(R^2-YP^2)+XP)/WX : FM7 =FIX(FT(7)) : F(7)=FM7+1
1340  FT(8)=(R-YP)/WY           : F(8)=FIX(FT(8))
1350 '---1270-1340行の説明
1360 '  式（2.4.4）→Ｆ（１）、Ｆ（２）
1370 '  式（2.4.5）→Ｆ（３）、Ｆ（４）
1380 '  式（2.4.6）→Ｆ（５）、Ｆ（６）
1390 '  式（2.4.7）→Ｆ（７）、Ｆ（８）
1400 ' 3列目のF(1),F(4),F(5),F(7)の+1は式（2.4.8）の+4に相当
1410 FOR I=1 TO 8
1420 IF ABS(FT(I)-CINT(FT(I)))<1D-006 THEN F(I)=CINT(FT(I)) : '交点補正
1430 NEXT I
1440 FOR J=1 TO 8 : FU=FU+F(J) : NEXT J
1450   U(2)=(SQR(R^2-(WX-XP)^2)+YP)/WY : FU(2)=FIX(U(2))
1460   U(8)=(SQR(R^2-(WX-XP)^2)-YP)/WY : FU(8)=FIX(U(8))
1470   U(1)=(SQR(R^2-(WZ-YP)^2)+XP)/WX : FU(1)=FIX(U(1))
1480   U(4)=(SQR(R^2-(WZ-YP)^2)-XP)/WX : FU(4)=FIX(U(4))
1490 '-----説明文
1500 ' FU(2) → 式（2.4.9）、式（2.4.10）
1510 ' FU(8) → 式（2.4.12）
1520 ' FU(1) → 式（2.4.12）
1530 ' FU(4) → 式（2.4.12）
1540 '-----
1550 FOR J=1 TO 4
1560 IF ABS(U(I)-CINT(U(I)))<1D-006 THEN FU(I)=CINT(U(I))  : '交点補正
1570 NEXT J
1580 IF FU(2)>F(3)   THEN FU=FU+FU(2)-F(3) : '式（2.4.11）、式（2.4.14）
1590 IF FU(8)>F(6)   THEN FU=FU+FU(8)-F(6) : '式（2.4.13）、式（2.4.14）
1600 IF FU(1)>FM7    THEN FU=FU+FU(1)-FM7  : '式（2.4.13）、式（2.4.14）
1610 IF FU(4)>FM5    THEN FU=FU+FU(4)-FM5  : '式（2.4.13）、式（2.4.14）
1620 '-----
1630 FW=FU-KP1-KP2        :'式（2.4.15）
1640 KP=KP1+KP2           :'交点数
1650 NS=4*R*(1/WX+1/WY)           :' 離散構造式
1660 DSE=CINT(NS)
1670 PRINT " CRRP "
1680 PRINT"QK=";QK
1690 PRINT" R=";R
1700 PRINT"XP=";XP
1710 PRINT"YP=";YP
1720 PRINT"WX=";WX
1730 PRINT"WY=";WY
1740 PRINT
1750 PRINT" N=";N1                :' 計測コア数
1760 PRINT"FW=";FW                :' 計算式によるコア数
```

```
1770 PRINT"DSE=";DSE          :' 離散構造式によるコア数
1780 PRINT"KP =";KP           :' 交点数
1790 INPUT;A$
1800 CLS 3
1810 END
```

1.4 アルゴリズム：CSFP（長方形コア円面積み上げ図）

アルゴリズム：CSFP は，円面への長方形コア RCT の積み上げ作図であり，LCS 本の図 2.7.1 に対応する．この円面へのコアの積み上げは 3 次元での球の離散構造式の導出にあたり，面積評価として重要となる．その評価は最上段コア TPC（LCS 本図 2.7.1 での○印コア）と最上段なしコア NTC に分かれ，正方形コアの場合，NTC の集合の面積と円の面積は円の半径が大きくなるほど非常に近くなる．アルゴリズム：CRRP とアルゴリズム：CSFP は以後に述べるアルゴリズム中で多用されるので，その違いと類似点をここで十分に理解しておかれるとよい．

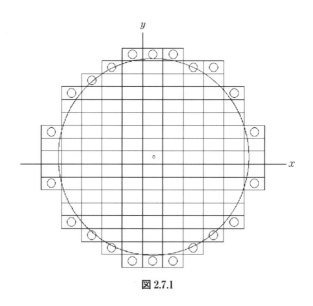

図 2.7.1

<アルゴリズムの解説>

本アルゴリズムにおいて，行番号 320-600 は円周への積み上げプロセスである．アルゴリズム：CRRP と異なるのは行番号 560, 570 で，円周へ積み上げられた TPC コアの原点から x, y 方向の TPC までのコア数として計測されている．この各 TPC のコア位置がわかれば，円面へのコアの積み上げは x 軸からこの各 TPC まで y 方向にコアを自動的に積み上げればよい．したがって，この計測により全体のステップ数が軽減されている．行番号 620-960 は作図と積み上げのプロセスである．ここで，行番号 730-770 は y 方向への積み上げ操作であり，行番号 780 はその積み上げられたコア数の計測である．また，円面積み上げの離散構造式は行番号 1010 に載せた．さらに，QKQ=1 の入力で TPC コアを○印で図示し，QKQ=0 でこれを省くようにした．

```
100 ' "CSFP "
110 ' Rectangle Cores  piling on Circle Suface
120 '  by M. Samata
130 SCREEN 3,0,0,1:CONSOLE 0,25,0,1:WIDTH 80,25:CLS 3
140 WIDTH LPRINT 70
150 PA=3.14159265358979#      :'πの値
160 DIM PX(500,4),PY(500,4),N(4),SX(4),SY(4),NN(4)
170 CLS 3
180 ' - - - - -
190 QK=1              :' 整数交点を含む時はQK=0
200 ' - - - - -
210 QKQ=1             :' 最上段コアを図示しない場合はＱＫＱ＝０
220 ' - - - - -
230 R=6.1#            :'  円の半径
240 XP=.7#            :'  ΔＸの値
250 YP=.45#           :'  ΔＹの値
260 WX=1.3#           :'  コアのＸ辺長さ
270 WY=.8#            :'  コアのＹ辺長さ
280 ' - - - - -
290 NN=0 : KP=0 :KP1=0 : KP2=0
300 SX(1)=1 :SX(2)=-1 :SX(3)=-1 :SX(4)=1 :'Ｘ軸象限変換係数
310 SY(1)=1 :SY(2)= 1 :SY(3)=-1 :SY(4)=-1:'Ｙ軸象限変換係数
320 FOR L=1 TO 4          :'式 (2.3.4)
330 IF L=1 THEN X=XP  : Y=YP   : RT=R  :'330-360行は式 (2.3.2) の半径
340 IF L=2 THEN X=-XP : Y=YP   : RT=R
350 IF L=3 THEN X=-XP : Y=-YP  : RT=SQR(R^2-Y^2)
360 IF L=4 THEN X=XP  : Y=-YP  : RT=SQR(R^2-Y^2)
370 FQ=(RT+X)/WX      :'式 (2.3.5)
380 FF=FIX(FQ)        :'式 (2.3.6)
390 CP=0
400 IF ABS(FQ-CINT(FQ))<1D-006 AND QK=1 THEN FF=CINT(FQ) : CP=1 : KP2=KP2+1  :'式 (2.3.9)
410 B1=0 : N=0
420 ' - - - - - - -
430 FOR J=CP    TO FF            :'式 (2.3.10)
440 AA1=FF-J                     :'式 (2.3.10)
450 A1=AA1*WX                    :'式 (2.3.11)
460 A2=A1-X                      :'式 (2.3.12)
470 VB=(R^2-A2^2)                :'
480 IF VB<=0 THEN B=Y : GOTO 500 :'ＶＢの負値補正
490 B=SQR(VB)+Y       :'式 (2.3.12)
500 IF L=1 AND J=FF OR L=4 AND J=FF THEN B=(R+Y):'式 (2.3.14)
510 BC=B/WY : B2=FIX(BC)  :'式 (2.3.15)   (2.3.16)
520 KP=0
530 IF ABS(BC-CINT(BC))<1D-006 AND QK=1 THEN KP=QK :B2=CINT(BC)-1 : KP1=KP1+1
540 ' - - 式 (2.3.22)
550 N=N+1
560 PX(N,L)=AA1*SX(L)   :'Ｘ方向コア数
570 PY(N,L)=B2*SY(L)    :'Ｙ方向コア数
580 NEXT J
590 N(L)=N                :'各象限でのＸ軸コア数
600 NEXT L
610 '
620 CX=300       :' 620-960行  作図と円面積み上げ計測
630 CY=270
640 CR=180       : RX=CR/R : CC=RX*(R -1)
650 A=CR/R       : CCY=CY-A*YP: CCX=CX+A*XP: CCR=A*R
```

```
660 LINE (70 ,CY)-(570,CY)
670 LINE (CX,30 )-(CX,440)
680 X1=CX+A*XP  : Y1=CY-A*YP
690 UX=WX*A : UY=WY*A
700 FOR L=1 TO 4
710 N1=0
720 AX=UX*SX(L) : AY=UY*SY(L)
730 FOR J=1 TO N(L)
740 FOR I=0 TO PY(J,L) STEP SY(L)  :'円面への積み上げ
750 X1=CX +A*PX(J,L)*WX : Y1=CY - A*I*WY
760 X2=CX +A*WX*(PX(J,L)+SX(L)): Y2=CY - A*WY*(I+SY(L))
770 LINE(X2,Y2)-(X1,Y1),,B     :'コアの作図
780 N1=N1+1
790 '
800 IF QKQ=0 THEN 850          :'コア作図の分岐
810 '
820 IF I=PY(J,L) THEN 830 ELSE 850
830 X21=X1+AX*.5# : Y21=Y1-AY*.5#
840 CIRCLE (X21,Y21),A*.3#
850 NEXT I,J
860 NN(L)=N1                   :'各象限でのコア計測
870 NEXT L
880 LINE (CCX,CCY)-(CCX,CCY-A*R),,,2
890 LINE (CCX,CCY)-(CCX,CCY+A*R),,,2
900 LINE (CCX,CCY)-(CCX+A*R,CCY),,,2
910 LINE (CCX,CCY)-(CCX-A*R,CCY),,,2
920 FOR I=0 TO 2*PA STEP .005     :'円の作図
930 XA=R*COS(I)+XP : YA=R*SIN(I)+YP
940 X11=CX+A*XA  : Y11=CY-A*YA
950 PSET (X11,Y11)
960 NEXT I
970 FOR I=1 TO 4
980 N2=N2+NN(I)              :'全コア数の計測
990 NEXT I
1000 '
1010 NS=2*R*(1/WX+1/WY)+PA*R^2/(WX*WY)  :' 離散構造式
1020 DSE=CINT(NS)
1030 PRINT " CSFP "
1040 PRINT"QK=";QK
1050 PRINT" R=";R
1060 PRINT"XP=";XP
1070 PRINT"YP=";YP
1080 PRINT"WX=";WX
1090 PRINT"WY=";WY
1100 PRINT
1110 PRINT" N=";N2            :' 計測コア数
1120 PRINT"DSE=";DSE           :' 離散構造式によるコア数
1130 PRINT"KP =";KP            :' 交点数
1140 INPUT;A$
1150 CLS 3
1160 END
```

1.5 アルゴリズム：CHTR
（1/2 三角コア円周積み上げ（菱形配列を含む）図）

　長方形はその対角線により面積 1/2 の直角三角形(HTコア)に分割できる．さらに，ほかの対角線により 1/4 の三角形（QTコア）に分割できる．この分割はどこまでも長方形を稠密に分割可能である．この分割を ρ 分割とよぶ．アルゴリズム：CHTR は LCS 本図 3.1.8 に示す HT コアによる円周への積み上げアルゴリズムである．この円周へ積み上げられた HT コア群は 1 つ 1 つのコアの平行移動だけで LCS 本図 3.2.8 に示すような菱形配列に再配置できるという特性をもっている．この菱形の各斜辺の HT コアのコア数 No は HT コアの離散構造式 DSE より，およそとして式(P 1)のように与えられる．

$$\mathrm{No} = \frac{2r}{ab}\sqrt{a^2+b^2} \tag{P 1}$$

　この値は 1/4 円の円周に積み上げられた HT コアのおよそのコア数となっている．円周に積み上げられた直角三角形の個数がルートで与えられるとは，少々驚きである．

　ギリシャ時代以前の遺跡建造物も世界には少なくない．もしかしたら古代人もこのようにしてルートを知っていたのかも知れない．菱形配列の場合，x, y 軸周辺での交点 IJP によるコア個数に補正が必要になる場合がある．この補正はかなり煩雑となるため本アルゴリズムではこれを省略したが，楕円でのアルゴリズム（アルゴリズム：EHTR）を参照してほしい．円では，通常，この補正項はほとんど必要ない．

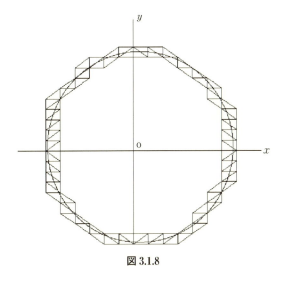

図 3.1.8

<アルゴリズムの解説>

アルゴリズム：CHTR は，基本的には判別群法を用いて作成されている．円周積み上げと菱形配列の作図の 2 つのモジュールにより構成されている．詳細は以下のとおりである．

円周への HT コア積み上げアルゴリズム

長方形 RCT コア積み上げ	行番号	390-720 および 990-1050
判別群データ読み込み	行番号	310-340
HT コアの判別計算	行番号	740-920
HT コアの円周への積み上げ作図	行番号	1080-1480

リターンにより菱形配列開始

菱形配列の計算と作図アルゴリズム

分岐点 P，m 線および l 線の計算と作図	行番号	1530-1700
菱形配列の指定	行番号	1730-1980
菱形配列の作図	行番号	2000-2260
離散構造式と出力諸元	行番号	2280-2430

内部交点法のサブルーチン

* SDD 1	行番号	2490-2720
判別群データベース	行番号	2740-3000

入力は行番号 250-290 の諸元である．次に，入力値以外の出力諸元を記す．

- HTC＝：円周へ積み上げられた HT コアの個数
- LNS＝：Kp 値を含む補正された菱形配列コア RBD の個数
- LN＝：画面上での RBD の個数
- KP 1＝：Kp＝1 となった IJP の数
- KP 2＝：Kp＝2 となった IJP の数
- SLP＝：孤独なピラミッド SLP の個数
- DSE＝：離散構造式による個数

ここで，画面上に形成された菱形配列の個数は LN で与えられる．したがって，コアに交点などが生じ，Kp 値などが得られた場合，RBD コア数から HT コア数を求める場合には補正が必要となる．その RBD による補正後の値が LNS 値である．したがって，通常は

$$HTC = LNS \tag{P 2}$$

となるが，x, y 軸周辺で交点 IJP が生じたような場合は LNS 値が異なる場合がある．

1.5 アルゴリズム：CHTR（1/2三角コア円周積み上げ（菱形配列を含む）図）

```
100 '  " CHTR "
110 '   by M.Samata
120 ' Half Section Triangle Cores piling on Circumference
130 ' HT cores piling and Rhombus Dispositions
140 SCREEN 3,0,0,1:CONSOLE 0,25,0,1:WIDTH 80,25:CLS 3
150 WIDTH LPRINT 70
160 PA=3.14159265358979#          :'πの値
170 DIM PX(500,4),PY(500,4)       :'HTコアのX、Y座標値
180 DIM S(500,4)                  :'S値
190 DIM P(30,5),SS(30),GS(30)     :'判別群の6個の元
200 DIM N(4),SX(4),SY(4)
210 CLS 3
220 ' - - - - -
230 QK=1
240 ' - - - - -
250 R=10.2                        :'円の半径
260 XP=.6#                        :'ΔX
270 YP=.2#                        :'ΔY
280 WX=1.4#                       :'コアのX辺長さ
290 WY=1.2#                       :'コアのY辺長さ
300 ' - - - - -
310 READ NC                       :'判別群の読み込み
320 FOR I=1 TO NC
330 READ P(I,1),P(I,2),P(I,3),P(I,4),SS(I),GS(I)
340 NEXT I
350 NN=0 : KP=0 : PM=0 : PU=0 : KP1=0 : KP2=0 : FTF=0
360    RR=R^2
370 SX(1)=1  :SX(2)=-1 :SX(3)=-1 :SX(4)=1
380 SY(1)=1  :SY(2)=1  :SY(3)=-1 :SY(4)=-1
390 ' - - - 円周へのRCTコアの積み上げ計算
400 FOR L=1 TO 4
410 NNT=0
420 IF L=1 THEN X=XP   : Y=YP    : RT=R
430 IF L=2 THEN X=-XP  : Y=YP    : RT=R
440 IF L=3 THEN X=-XP  : Y=-YP   : RT=SQR(R^2-Y^2)
450 IF L=4 THEN X=XP   : Y=-YP   : RT=SQR(R^2-Y^2)
460 FQ=(RT+X)/WX
470 FF=FIX(FQ)
480 CP=0  : AC=0
490 IF ABS(FQ-CINT(FQ))<1D-006 AND QK=1 THEN CP=1 : FF=CINT(FQ) : KP1=KP1+1
500 B1=0  : N=0
510 IF L=1 OR L=2 THEN 520 ELSE 530
520 FFX=FIX((SQR(R^2-Y^2)+X)/WX)
530 FOR J=CP       TO FF
540 AA1=FF-J
550 A1=AA1*WX
560 A2=A1-X
570 VB=(R^2-A2^2)
580 IF VB<=0 THEN B=Y : GOTO 600
590 B=SQR(VB)+Y
600 IF L=1 AND J=FF OR L=4 AND J=FF THEN B=(R+Y)
610 BC=B/WY : B2=FIX(BC)
620 IF L=1 AND J=FF OR L=4 AND J=FF THEN 630 ELSE 680
630   BB1=SQR(R^2-(WX-X)^2)+Y : BB2=SQR(R^2-X^2)+Y
640 BD=BB1
650 IF BB1>BB2 THEN BD=BB2
660 BDD=BD/WY : B1=FIX(BDD)
```

```
670 IF ABS(BDD-CINT(BDD))<1D-006 THEN B1=CINT(BDD)
680 KP=0
690 IF ABS(BC-CINT(BC))<1D-006 THEN 700 ELSE 740
700  KP=QK  : B2=CINT(BC)-1
710 IF AA1=0 THEN KP1=KP1+1 : GOTO 740    :'式 (3.2.44)
720 KP2=KP2+2                             :'式 (3.2.44)
730 '---HTコアの判別計測  ----
740 FOR II=B1 TO B2            :'Y方向RCTコア
750 I=II*WY
760 R(1)=(A2)^2+(I-Y)^2          :'式 (3.1.11)
770 R(2)=(A2+WX)^2+(I-Y)^2
780 R(3)=(A2+WX)^2+(I-Y+WY)^2
790 R(4)=(A2)^2+(I-Y+WY)^2
800 FOR K=1 TO 4
810 U(K)=1
820 IF ABS(RR-R(K))<1D-006 THEN U(K)=0 : GOTO 840
830 IF RR<R(K) THEN U(K)=2          :'式 (3.1.12)
840 NEXT K
850 FOR K=1 TO NC  :'式 (3.1.14) (3.1.15) (3.1.17)
860 IF U(1)=P(K,1) AND U(2)=P(K,2) AND U(3)=P(K,3) AND U(4)=P(K,4) THEN 870 ELSE 880
870 S=SS(K) : GS=GS(K) : EXIT FOR   :'式 (3.1.16)
880 NEXT K
890 '
900 IF GS=0 THEN 950     :'式 (3.1.18) GS=1への分岐
910 X1=A1 : Y1=I : AH1=A1 : AH2=A1+WX  :'式 (3.1.19)
920 GOSUB *SDD1
930 '
940 '--- PX、PY座標値、S値の取り込み
950 N=N+1 : PY(N,L)=I*SY(L)  : PX(N,L)=A1*SX(L) : S(N,L)=S
960 NN=NN+1:IF S=0 THEN NN=NN+1
970 NEXT II
980 '------
990 B1=B2
1000 IF KP=1 THEN B1=B2+1
1010 IF L=1 OR L=2 THEN 1020 ELSE 1030
1020 IF AA1>FFX THEN B1=0
1030 NEXT J
1040 N(L)=N
1050 NEXT L
1060 '
1070 '------ 円周へのHTコアの積み上げ作図
1080 CX=300
1090 CY=270      :' GOTO 1760
1100 CR=180     : RX=CR/R : CC=RX*(R -1)
1110 A=CR/R*.8# : CCY=CY-A*YP: CCX=CX+A*XP: CCR=A*R
1120 LINE (100,CY)-(520,CY)
1130 LINE (CX,30 )-(CX,400)
1140 X1=CX+A*XP  : Y1=CY-A*YP
1150 CIRCLE (X1,Y1),3,4
1160 FOR J=1 TO 4
1170 FOR I=1 TO N(J)
1180 X1=CX +A*PX(I,J) : Y1=CY -A*PY(I,J)
1190 X2=CX +A*(PX(I,J)+WX*SX(J)): Y2=CY -A*(PY(I,J)+WY*SY(J))
1200 IF S(I,J)=1 THEN 1310      :'HTコアの指定
1210 IF S(I,J)=2 THEN 1270
1220 IF S(I,J)=3 THEN 1350
1230 IF S(I,J)=4 THEN 1390
```

```
1240 LINE(X2,Y2)-(X1,Y1),,B
1250 LINE(X2,Y1)-(X1,Y2)        : GOTO 1420
1260 '
1270 LINE (X1,Y1)-(X2,Y1)
1280 LINE (X1,Y2)-(X2,Y1)
1290 LINE (X1,Y2)-(X1,Y1)       : GOTO 1420
1300 '
1310 LINE (X2,Y1)-(X2,Y2)
1320 LINE (X2,Y2)-(X1,Y2)
1330 LINE (X1,Y2)-(X2,Y1)       : GOTO 1420
1340 '
1350 LINE (X1,Y1)-(X2,Y1)
1360 LINE (X2,Y2)-(X2,Y1)
1370 LINE (X2,Y2)-(X1,Y1)       : GOTO 1420
1380 '
1390 LINE (X1,Y1)-(X2,Y2)
1400 LINE (X2,Y2)-(X1,Y2)
1410 LINE (X1,Y2)-(X1,Y1)
1420 NEXT I
1430 NEXT J
1440 FOR I=0 TO 2*PA STEP .005          : '円の作図
1450 XA=R*COS(I)+XP : YA=R*SIN(I)+YP
1460 X11=CX+A*XA   : Y11=CY-A*YA
1470 PSET (X11,Y11),3
1480 NEXT I
1490 ' - - - - - - - - - -
1500      INPUT B$
1510 '
1520 ' - - - - 菱形配列の計算と作図  - - - -
1530 LNQ=0 : FTF=0 : SGC=0
1540 FOR L=1 TO 4
1550 CCX=CX+XP*A : CCY=CY-YP*A
1560 CXV=CCX+R*A*WY*SX(L)   : CYV=CCY-R*A*WX*SY(L)
1570 LINE(CCX,CCY)-(CXV,CYV),5     : '式 (3.2.12) m線
1580 XD=XP*SX(L) : YD=YP*SY(L) : X=XD : Y=YD
1590 AX=WY*R/SQR(WY^2+WX^2)+XD       : '式 (3.2.11)
1600 AY=WX*R/SQR(WY^2+WX^2)+YD       : '式 (3.2.11)
1610 AS1=WY/WX
1620 AS2=R*SQR(WY^2+WX^2)/WX
1630 X1=AX          : Y1=AY           : '分岐点Pの座標値
1640 X2=AX-R/3      : Y2=-AS1*X2+AS2+AS1*XD+YD : '式 (3.2.13)
1650 X3=AX+R/3      : Y3=-AS1*X3+AS2+AS1*XD+YD : '式 (3.2.13)
1660 XX1=CX+X1*A*SX(L)   : YY1=CY-Y1*A*SY(L)
1670 XX2=CX+X2*A*SX(L)   : YY2=CY-Y2*A*SY(L)
1680 XX3=CX+X3*A*SX(L)   : YY3=CY-Y3*A*SY(L)
1690  CIRCLE (XX1,YY1),3,5     : '分岐点P
1700 LINE (XX3,YY3)-(XX2,YY2),5  : 'エル(1)線
1710 '
1720 ' - - - 菱形配列の指定
1730 XXL=R*SQR(WY^2+WX^2)/WY+YD*WX/WY+XD  : '式 (3.2.23) ＸＬ線
1740 LCC=XXL/WX
1750 XC1=FIX(LCC)        : '式 (3.2.24)
1760 X1=WY*R/SQR(WY^2+WX^2) : Y1=X1*WX/WY  : '式 (3.2.23)
1770 X20=(X1+XD)/WX    : Y20=(Y1+YD)/WY    : '式 (3.2.23)
1780 X2=FIX(X20)*WX : Y2=FIX(Y20)*WY       : '式 (3.2.23)
1790 IF ABS(X20-CINT(X20))<1D-006 AND ABS(Y20-CINT(Y20))<1D-006 THEN X2=CINT(X20)*WX-WX
1800 X3=X2+WX : Y3=Y2       : '式 (3.2.32)
```

```
1810 X4=X2: Y4=Y2+WY              :'式 (3.2.32)
1820 XXQ=X3+Y3*WX/WY               :'式 (3.2.34) ＸＱ値
1830 RR1=SQR((X3-XD)^2+(Y3-YD)^2) :'式 (3.2.38)  (3.2.39)
1840 RR2=SQR((X4-XD)^2+(Y4-YD)^2) :'式 (3.2.38)  (3.2.39)
1850 DS=0
1860 IF XXL>=XXQ THEN 1870 ELSE 1950 :'式 (3.2.35)  (3.2.36)
1870 IF ABS(RR1-R)<1D-006 AND ABS(RR2-R)<1D-006 THEN 2000
1880 IF RR1>=R AND RR2>=R THEN 1890 ELSE 1950 :'式 (3.2.40)
1890 XC1=XC1-1 : DS=1            :'ＳＬＰコア
1900 PPE=SQR(WX^2+WY^2)
1910 XPE=WY*R/PPE+X : YPE=WX*R/PPE+Y
1920 IF L=1 AND XPE<=WX OR L=4 AND XPE<=WX THEN 2000
1930 IF L=1 AND YPE<=WY OR L=2 AND YPE<=WY THEN 2000
1940 SGC=SGC+1 : GOTO 2000        :'ＳＬＰコア計測
1950 IF ABS(LCC-CINT(LCC))<1D-006 THEN XC1=CINT(LCC)-1 : DS=1
1960 IF ABS(XXL-XXQ)<1D-006 THEN 1970 ELSE 2000
1970 XC1=CINT(LCC)-1
1980 IF ABS(X20-CINT(X20))<1D-006 AND ABS(Y20-CINT(Y20))<1D-006 THEN D
S=0 ELSE DS=1
1990 '---- 菱形配列の作図
2000 XM1=XC1*WX : XM2=XM1+WX        : XM1(L)=XM1 : XC1(L)=XC1
2010 LZ=R*SQR(WY^2+WX^2)/WX+XD*WY/WX+YD
2020 '--- ＬＺは式 (3.2.13) でＸ＝０としたエル線
2030 LZC=FIX(LZ/WY)-DS              : LZC(L)=LZC
2040 ZM1=LZC*WY : ZM2=ZM1+WY        : ZM1(L)=ZM1
2050 XX1=CX+XM1*A*SX(L)   : ZZ1=CY-ZM1*A*SY(L)
2060 XX2=CX+XM2*A*SX(L)   : ZZ2=CY-ZM2*A*SY(L)
2070 LINE (XX1,CY )-(CX ,ZZ1),4     :'菱形の斜線ライン
2080 LINE (XX2,CY )-(CX ,ZZ2),4
2090 FOR I=0 TO XC1
2100 M1=I*WX  : M2=I*WY
2110 XX1=CX+M1*A*SX(L)   : XX2=CX+(M1+WX)*A*SX(L)
2120 YY1=CY-(ZM2-M2)*A*SY(L) : YY2=CY-(ZM2-M2-WY)*A*SY(L)
2130 LINE (XX1,YY2)-(XX2,YY2),4  :'斜線ライン中の分割線
2140 LINE (XX1,YY1)-(XX1,YY2),4
2150 NEXT I
2160 LNQ=LNQ+2*XC1+1             :'ＲＤＢコアの計測
2170 '
2180 ZRQ=(R+Y)/WY
2190 IF ABS(ZRQ-CINT(ZRQ))<1D-006 AND XP=0 THEN 2200 ELSE 2220
2200 IF R-WY>SQR(R^2-(WX-X)^2) THEN 2210 ELSE 2220
2210 IF L=3 OR L=2 THEN FTF=FTF+1
2220 XRQ=(R+X)/WX
2230 IF ABS(XRQ-CINT(XRQ))<1D-006 AND YP=0 THEN 2240 ELSE 2260
2240 IF R-WX>SQR(R^2-(WY-Y)^2) THEN 2250 ELSE 2260
2250 IF L=3 OR L=4 THEN FTF=FTF+1
2260 NEXT L
2270 '
2280   LNS=LNQ-KP2-KP1+FTF+SGC
2290 NS=8*R*SQR(WX^2+WY^2)/(WX*WY)  :'離散構造式
2300 DSE=CINT(NS)
2310 PRINT "  CHTR  "
2320 PRINT" R=";R
2330 PRINT"XP=";XP
2340 PRINT"YP=";YP
2350 PRINT"WX=";WX
2360 PRINT"WY=";WY
2370 PRINT"HTC=";NN        :'円周へ積み上げられたＨＴコア数
```

```
2380 PRINT"LNS=";LNS          :'補正されたＲＤＢコア数
2390 PRINT"LN=";LNQ           :'菱形配列でのＲＤＢコア数
2400 PRINT"KP1=";KP1          :'Ｋｐ＝１でのＫｐ数
2410 PRINT"KP2=";KP2          :'Ｋｐ＝２でのＫｐ数
2420 PRINT"SLP=";SGC          :'ＳＬＰコア数
2430 PRINT"DSE=";DSE          :'離散構造式によるコア数
2440 INPUT;A$
2450 CLS 3
2460 END
2470 '
2480 '
2490 *SDD1
2500 '－－－－ 内部交点法のサブルーチン
2510 SDS=1
2520 FOR HH=1 TO 2            :'α、β線の根の算出
2530 IF HH=1 THEN 2540 ELSE 2550
2540 EO=-WY*X1/WX+Y1-Y        : HM=1  : GOTO 2560
2550 EO=WY*X1/WX+Y1+WY-Y      : HM=-1
2560 D1=(WY*HM*EO/WX-X) : D2=(1+(WY/WX)^2) : D3=X^2+EO^2-R^2
2570 DD1=D1^2-D2*D3           :'式 (4.1.9) (4.1.12)
2580 D(HH)=1
2590 IF DD1>=0 THEN 2600 ELSE 2620
2600 DX1(HH)=(-D1+SQR(DD1))/(D2)
2610 DX2(HH)=(-D1-SQR(DD1))/(D2) : D(HH)=0 :'式 (4.1.11)
2620 NEXT HH
2630 IF D(1)=0 AND D(2)=0 THEN 2640 ELSE 2720
2640 FOR HH=1 TO 2            :'式 (4.1.13)
2650 DM(HH)=0
2660 IF ABS(DX1(HH)-AH1)<1D-006 OR ABS(DX1(HH)-AH2)<1D-006 THEN 2680
2670 IF DX1(HH)>AH1 AND DX1(HH)<AH2 THEN DM(HH)=1
2680 IF ABS(DX2(HH)-AH1)<1D-006 OR ABS(DX2(HH)-AH2)<1D-006 THEN 2700
2690 IF DX2(HH)>AH1 AND DX2(HH)<AH2 THEN DM(HH)=1
2700 NEXT HH
2710 IF DM(1)=1 AND DM(2)=1 THEN SDS=2 : S=0 :'式 (3.1.20)
2720 RETURN
2730 '
2740 DATA 25
2750 ' 判別群のデータ
2760 DATA 1,2,2,1,0,0
2770 DATA 1,1,2,2,0,0
2780 DATA 1,1,2,1,1,0
2790 DATA 1,1,2,0,1,0
2800 DATA 1,0,2,1,1,0
2810 DATA 1,0,2,0,1,0
2820 DATA 1,2,2,2,2,1
2830 DATA 1,2,2,0,2,1
2840 DATA 1,0,2,2,2,1
2850 DATA 2,1,2,2,3,1
2860 DATA 0,1,2,2,3,1
2870 DATA 1,1,1,2,4,0
2880 DATA 0,0,2,2,2,1
2890 DATA 2,2,2,1,4,1
2900 DATA 0,2,2,1,4,1
2910 DATA 1,2,1,1,3,0
2920 DATA 0,2,2,0,2,1
2930 DATA 2,2,2,2,2,1
2940 DATA 0,2,2,2,3,1
2950 DATA 2,2,2,0,4,1
```

```
2960 DATA 1,2,0,1,3,0
2970 DATA 1,1,0,2,4,0
2980 DATA 2,0,2,2,3,1
2990 DATA 2,1,1,2,0,0
3000 DATA 2,2,1,1,0,0
```

1.6　アルゴリズム：CQTR（1/4 三角コアの円周積み上げ図）

　1/4 三角コア QT は長方形の 2 つの対角線により分割され，x 軸辺を底辺とした 2 つの二等辺三角形と y 軸辺を底辺とした 2 つの二等辺三角形に分かれる．この QT コアは ρ 分割の相似形状としては最も小さな分割形状である．円周に積み上げられた QT コアは LCS 本図 4.1.4 に示してある．アルゴリズム：CQTR では LCS 本でその詳細を述べた内部交点法を用いている．内部交点法は判別群法に比べて補正の必要がない．原理的には判別群法より演算時間が掛かるが，現在のコンピュータ速度からするとほとんど問題にならない．QT コアは HT コアに比べて交点が多いため，アルゴリズムの多くの行は交点補正項となっている．

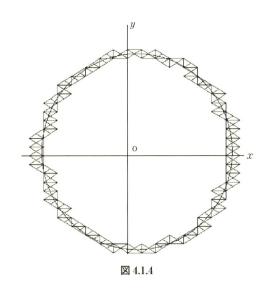

図 4.1.4

＜アルゴリズムの解説＞

　アルゴリズム：CQTR は初めに長方形コア RCT の円周積み上げを行い，その RCT 1 つ 1 つについて内部交点法を用いて QT コアの判別を行い作図する．詳細は以下のとおりである．

円周への長方形コアの積み上げ	行番号	290-620 および 840-900
QT コアの指定	行番号	630-830
QT コアの作図	行番号	930-1330

対角線 α, β の根計算のサブルーチン
　　＊ SDD 1　　　　　　　　　　　行番号　　1500-1780
長方形コアの 4 つの根計算のサブルーチン
　　＊ SL 1　　　　　　　　　　　　行番号　　1800-2040

整数交点 IJP の補正サブルーチン
　　　＊SS 1　　　　　　　　　　　行番号　　2060-2310

　内部交点法での演算はすべてこの＊SDD 1 と＊SL 1 の 2 つのサブルーチンによって行われる．また，出力として QT コアの計測個数を QT＝で示し，QT コアの離散構造式による計算結果を DSE＝で示す．

1.6 アルゴリズム：CQTR (1/4 三角コアの円周積み上げ図)

```
100 ' " CQTR "
110 ' Quadric Section Triangle Cores piling on Circumference
120 '  Inner Cross Point Method    by M.Samata
130 SCREEN 3,0,0,1:CONSOLE 0,25,0,1:WIDTH 80,25:CLS 3
140 WIDTH LPRINT 70
150 PA=3.14159265358979#
160 DIM PX(400,4),PY(400,4)          :'長方形コアの座標値
170 DIM S(400,4,4)                   :'ＱＴコアの位置指定
180 DIM N(4),SX(4),SY(4),R(5),U(4),G(5)
190 CLS 3
200 ' - - - - -
210 QK=1
220 ' - - - - -
230 R=10.2                           :'円の半径
240 XP=.7#                           :'ΔX
250 YP=.1#                           :'ΔY
260 WX=1.8#                          :'長方形コアのＸ辺長さ
270 WY=1.2#                          :'長方形コアのＹ辺長さ
280 ' - - - - - 円周へ積み上げられた長方形コア計測
290 NN=0 : KP=0 : PM=0 : PU=0
300  RR=R^2
310 SX(1)=1  :SX(2)=-1  :SX(3)=-1 :SX(4)=1
320 SY(1)=1  :SY(2)= 1  :SY(3)=-1 :SY(4)=-1
330 ' - - - -
340 FOR L=1 TO 4
350 IF L=1 THEN X=XP   : Y=YP     : RT=R
360 IF L=2 THEN X=-XP  : Y=YP     : RT=R
370 IF L=3 THEN X=-XP  : Y=-YP    : RT=SQR(R^2-Y^2)
380 IF L=4 THEN X=XP   : Y=-YP    : RT=SQR(R^2-Y^2)
390 FQ=(RT+X)/WX
400 FF=FIX(FQ)
410 CP=0   : AC=0
420 IF ABS(FQ-CINT(FQ))<1D-006 AND QK=1 THEN CP=1 : FF=CINT(FQ)
430 B1=0  : N=0
440 IF L=1 OR L=4 THEN 450 ELSE 460
450 FFX=FIX((SQR(R^2-Y^2)+X)/WX)
460 FOR J=CP     TO FF
470 AA1=FF-J
480 A1=AA1*WX
490 A2=A1-X
500 VB=(R^2-A2^2)
510 IF VB<=0 THEN B=Y : GOTO 530
520 B=SQR(VB)+Y
530 IF L=1 AND J=FF OR L=4 AND J=FF THEN B=(R+Y)
540 BC=B/WY : B2=FIX(BC)
550 IF L=1 AND J=FF OR L=4 AND J=FF THEN 560 ELSE 610
560  BB1=SQR(R^2-(WX-X)^2)+Y : BB2=SQR(R^2-X^2)+Y
570 BD=BB1
580 IF BB1>BB2 THEN BD=BB2
590 BDD=BD/WY : B1=FIX(BDD)
600 IF ABS(BDD-CINT(BDD))<1D-006 THEN B1=CINT(BDD)
610 KP=0
620 IF ABS(BC-CINT(BC))<1D-006 THEN KP=QK  : B2=CINT(BC)-1
630 FOR II=B1 TO B2
640 N=N+1
650 I=II*WY
660 ' - - - - - ＱＴコアの指定
670 FOR HH=1 TO 4 : U(HH)=0 : NEXT HH   :'ＱＴコア初期値
```

```
680 FOR HH=1 TO 5 : G(HH)=0 : NEXT HH    :'交点初期値
690 '----交点座標値
700 X1=A1 : Y1=I : AH1=A1 : AH2=A1+WX : AH3=A1+WX/2
710 GOSUB *SDD1
720 GOSUB *SL1
730 PU=0
740 FOR HH=1 TO 4
750 IF G(HH)=1 THEN PU=PU+1              :'交点数
760 NEXT HH
770 IF G(5)=0 AND PU=0 THEN 800          :'交点による分岐
780 GOSUB *SS1
790 '----  ＱＴコアのＳ値と座標値
800 FOR HH=1 TO 4 : S(N,L,HH)=U(HH) : NEXT HH
810  PY(N,L)=I*SY(L)   : PX(N,L)=A1*SX(L)
820 '
830 NEXT II
840 B1=B2
850 IF KP=1 THEN B1=B2+1
860 IF L=1 OR L=2 THEN 870 ELSE 880
870 IF AA1>FFX THEN B1=0
880 NEXT J
890 N(L)=N
900 NEXT L
910 '
920 '----- ＱＴコアの作図
930 CX=300
940 CY=270      : NN=0
950 CR=180      : RX=CR/R : CC=RX*(R -1)
960 A=CR/R      : CCY=CY-A*YP: CCX=CX+A*XP: CCR=A*R
970 LINE (100,CY)-(520,CY)
980 LINE (CX, 30 )-(CX,400)
990 X1=CX+A*XP   : Y1=CY-A*YP
1000 CIRCLE (X1,Y1),3,4
1010 FOR L=1 TO 4
1020 FOR I=1 TO N(L)
1030 X1=CX +A*PX(I,L) : Y1=CY -A*PY(I,L)
1040 X2=CX +A*(PX(I,L)+WX*SX(L)): Y2=CY -A*(PY(I,L)+WY*SY(L))
1050 X3=CX +A*(PX(I,L)+WX*SX(L)/2): Y3=CY -A*(PY(I,L)+WY*SY(L)/2)
1060 '---- Ｓ値によるコア指定
1070 FOR J=1 TO 4
1080 IF S(I,L,J)=0 THEN 1270
1090 ON J GOTO 1110,1150,1190,1230
1100 '
1110 LINE (X1,Y1)-(X2,Y1)
1120 LINE (X2,Y1)-(X3,Y3)
1130 LINE (X3,Y3)-(X1,Y1)  : GOTO 1260
1140 '
1150 LINE (X2,Y1)-(X2,Y2)
1160 LINE (X2,Y2)-(X3,Y3)
1170 LINE (X3,Y3)-(X2,Y1)  : GOTO 1260
1180 '
1190 LINE (X3,Y3)-(X2,Y2)
1200 LINE (X2,Y2)-(X1,Y2)
1210 LINE (X1,Y2)-(X3,Y3)  : GOTO 1260
1220 '
1230 LINE (X1,Y1)-(X3,Y3)
1240 LINE (X3,Y3)-(X1,Y2)
1250 LINE (X1,Y2)-(X1,Y1)
```

```
1260 NN=NN+1
1270 NEXT J
1280 NEXT I,L
1290 FOR I=0 TO 2*PA STEP .005        :'円の作図
1300 XA=R*COS(I)+XP : YA=R*SIN(I)+YP
1310 X11=CX+A*XA   : Y11=CY-A*YA
1320 PSET (X11,Y11),3
1330 NEXT I
1340 '     ＱＴコアの離散構造式
1350 NS=4*R*(1/WX+1/WY)+8*R*SQR(WX^2+WY^2)/(WX*WY)
1360 DSE=CINT(NS)
1370 PRINT " CQTR "
1380 PRINT" R=";R
1390 PRINT"XP=";XP
1400 PRINT"YP=";YP
1410 PRINT"WX=";WX
1420 PRINT"WY=";WY
1430 PRINT"QT=";NN           :'計測コア数
1440 PRINT"DSE=";DSE         :'離散構造式
1450 INPUT;A$
1460 CLS 3
1470 END
1480 '
1490 '
1500 *SDD1
1510 '      対角線α、βの根の計算サブルーチン
1520 FOR HH=1 TO 2
1530 IF HH=1 THEN 1540 ELSE 1550
1540 E0=-WY*X1/WX+Y1-Y    : HM=1 : GOTO 1570
1550 E0=WY*X1/WX+Y1+WY-Y  : HM=-1
1560 '      式 (4.1.9)
1570 D1=WY*HM*E0/WX-X : D2=1+(WY/WX)^2 : D3=X^2+E0^2-R^2
1580 DD1=D1^2-D2*D3       :'式 (4.1.12)
1590 D(HH)=1
1600 IF DD1>=0 THEN 1610 ELSE 1630
1610 DX1(HH)=(-D1+SQR(DD1))/D2              :'式 (4.1.11)
1620 DX2(HH)=(-D1-SQR(DD1))/D2  : D(HH)=0
1630 NEXT HH
1640 '      α、βの根のUへの振り分け
1650 '      式 (4.1.14) (4.1.15) (4.1.16)
1660 IF D(1)=0 AND AH1<DX1(1) AND DX1(1)<AH3 THEN U(1)=1 : U(4)=1
1670 IF D(1)=0 AND AH1<DX2(1) AND DX2(1)<AH3 THEN U(1)=1 : U(4)=1
1680 IF D(1)=0 AND AH3<DX1(1) AND DX1(1)<AH2 THEN U(2)=1 : U(3)=1
1690 IF D(1)=0 AND AH3<DX2(1) AND DX2(1)<AH2 THEN U(2)=1 : U(3)=1
1700 '
1710 IF D(2)=0 AND AH1<DX1(2) AND DX1(2)<AH3 THEN U(3)=1 : U(4)=1
1720 IF D(2)=0 AND AH1<DX2(2) AND DX2(2)<AH3 THEN U(3)=1 : U(4)=1
1730 IF D(2)=0 AND AH3<DX1(2) AND DX1(2)<AH2 THEN U(1)=1 : U(2)=1
1740 IF D(2)=0 AND AH3<DX2(2) AND DX2(2)<AH2 THEN U(1)=1 : U(2)=1
1750 '   Ｐｏの交点計算
1760 IF D(1)=0 AND ABS(DX1(1)-AH3)<1D-006 THEN G(5)=1
1770 IF D(1)=0 AND ABS(DX2(1)-AH3)<1D-006 THEN G(5)=1
1780 RETURN
1790 '
1800 *SL1
1810 '      長方形コアの４つの辺の根計算サブルーチン
1820 '      式 (4.1.22) (4.1.23) (4.1.25) (4.1.26)
1830 D2=1
```

```
1840 D1(1)=-X  : D1(3)=-X  : D1(4)=-Y  : D1(2)=-Y
1850 D3(1)=X^2+(Y1-Y)^2-R^2
1860 D3(3)=X^2+(Y1+WY-Y)^2-R^2
1870 D3(4)=Y^2+(X1-X)^2-R^2
1880 D3(2)=Y^2+(X1+WX-X)^2-R^2
1890 ' ----- 式 (4.1.27)
1900 L1(1)=X1 : L1(3)=X1 : L1(4)=Y1 : L1(2)=Y1
1910 L2(1)=X1+WX : L2(3)=X1+WX : L2(4)=Y1+WY : L2(2)=Y1+WY
1920 FOR HH=1 TO 4
1930 DD1=D1(HH)^2-D2*D3(HH)          :'根の方程式
1940 IF DD1>=0 THEN 1950 ELSE 2030
1950 GD(1)=(-D1(HH)+SQR(DD1))/D2
1960 GD(2)=(-D1(HH)-SQR(DD1))/D2
1970 FOR MM=1 TO 2
1980 IF L1(HH)<GD(MM) AND GD(MM)<L2(HH) THEN U(HH)=1
1990 ' --- 式 (4.1.27)
2000 IF HH<=2 THEN AHH=L1(HH) ELSE AHH=L2(HH)
2010 IF  ABS(GD(MM)-AHH)<1D-006 THEN G(HH)=1
2020 NEXT MM
2030 NEXT HH
2040 RETURN
2050 '
2060 *SS1
2070 ' ----- ＩＪＰの補正サブルーチン
2080 IF G(5)=1 THEN 2090 ELSE 2260
2090 IF PU=1 THEN 2100 ELSE 2190
2100 IF G(1)=1 AND U(3)=1 THEN U(1)=1 :'式 (4.1.29)
2110 IF G(1)=1 AND U(2)=1 THEN U(4)=1
2120 IF G(2)=1 AND U(3)=1 THEN U(1)=1
2130 IF G(2)=1 AND U(4)=1 THEN U(2)=1
2140 IF G(3)=1 AND U(1)=1 THEN U(3)=1
2150 IF G(3)=1 AND U(4)=1 THEN U(2)=1
2160 IF G(4)=1 AND U(1)=1 THEN U(3)=1
2170 IF G(4)=1 AND U(2)=1 THEN U(4)=1
2180 GOTO 2310
2190 IF PU=2 THEN 2200 ELSE 2310
2200 IF G(1)=1 AND G(2)=1 THEN U(2)=1 : U(4)=1 :'式 (4.1.30)
2210 IF G(2)=1 AND G(3)=1 THEN U(1)=1 : U(3)=1
2220 IF G(3)=1 AND G(4)=1 THEN U(2)=1 : U(4)=1
2230 IF G(1)=1 AND G(4)=1 THEN U(1)=1 : U(3)=1
2240 GOTO 2310
2250 '
2260 IF PU=2 THEN 2270 ELSE 2310
2270 IF G(1)=1 AND G(2)=1 THEN U(1)=1 :'式 (4.1.31)
2280 IF G(2)=1 AND G(3)=1 THEN U(2)=1
2290 IF G(3)=1 AND G(4)=1 THEN U(3)=1
2300 IF G(1)=1 AND G(4)=1 THEN U(4)=1
2310 RETURN
```

1.7 アルゴリズム：MAND 1（単位正方形コアのマンダ（I）の図）

　円周に長方形コアを積み上げたとき，その1つ1つのコアに特性ベクトル v が定義され，v の集合 $\{v\}$ は各象限に定義された1つの α コア内に相等ベクトル $\{v_0\}$ として写像される．この $\{v_0\}$ の終点の点列構造をマンダ構造とよぶ．これよりマンダ構造は円周に積み上げられたすべてのコア特性を内部に包含している．このマンダ構造は以下の条件が与えられたとき，

　　　　　コア：　単位正方形　かつ　$\Delta x = \Delta y = 0$ 　　　　　　　　　　　(P 3)

得られた像の中に特有の文様が見られるようになる．その文様は見方によってさまざまに変化する．アルゴリズム：MAND 1 は式(P 3) の条件の下で LCS 本図 5.2.6 に示したマンダ（I）の作成アルゴリズムである．また，本アルゴリズム中にはマンダ（I）の限界軌跡のアルゴリズムも含まれている．マンダ構造は，さらに反転群を通して反転球の宇宙へと敷衍される．この反転球宇宙は，われわれだけの夢想の世界とは言いがたい．なぜなら，大海を漂うクラゲやタコは反転球のトポロジー構造そのものだからである．

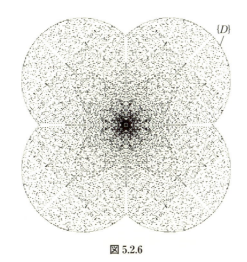

図 5.2.6

<アルゴリズムの解説>

　アルゴリズムは

　　単位正方形コア円周積み上げ計測　　　　行番号　　270-510 および 740-800
　　MU 変換によるマンダ(I)の像の作成　　　行番号　　530-720
　　限界線の計算と軌跡作成　　　　　　　　行番号　　830-1070

となっている．このアルゴリズムでは，式(P 3) の条件は行番号 200 で指定されている．なお，式(P 3) 以外の入力でもマンダ構造は可能であるのでアルゴリズムはその場合にも適用できるように作成されている．ただし，その場合は限界線の部分は適用できない．

```
100 ' " MAND1 "
110 ' MANDA Structure (1) Square Cores and Curve of Limit dots
120 '  by M.Samata
130 SCREEN 3,0,0,1:CONSOLE 0,25,0,1:WIDTH 80,25:CLS 3
140 WIDTH LPRINT 70
150 PA=3.14159265358979#
160 CLS 3
170 ' - - - - - -
180 R=2350.7                        :'円半径（入力）
190 ' - - - - - -
200 XP=0 : YP=0 : WX=1 : WY=1   :'単位正方形デフォルト
210 ' - - - - - -
220  KP=0
230 CX=350
240 CY=250
250 A=150
260 ' - - - -  円周への正方形積み上げ計算
270 FOR L=1 TO 4
280 IF L=1 THEN X=XP  : Y=YP   : RT=R
290 IF L=2 THEN X=-XP : Y=YP   : RT=R
300 IF L=3 THEN X=-XP : Y=-YP  : RT=SQR(R^2-Y^2)
310 IF L=4 THEN X=XP  : Y=-YP  : RT=SQR(R^2-Y^2)
320 FQ=(RT+X)/WX
330 FF=FIX(FQ)
340 CP=0
350 IF ABS(FQ-CINT(FQ))<1D-006 THEN CP=1 : FF=CINT(FQ)
360 B1=0  : N=0
370 FOR J=CP    TO FF
380 AA1=FF-J
390 A1=AA1*WX
400 A2=A1-X
410 VB=(R^2-A2^2)
420 IF VB<=0 THEN B=Y : GOTO 440
430 B=SQR(VB)+Y
440 IF L=1 AND J=FF OR L=4 AND J=FF THEN B=R+Y
450 BC=B/WY : B2=FIX(BC)
460 IF L=1 AND J=FF OR L=4 AND J=FF THEN 470 ELSE 500
470 BD=(SQR(R^2-X^2)+Y) : BDC=BD/WY : BD1=FIX(BDC)
480 IF ABS(BDC-CINT(BDC))<1D-006 THEN BD1=CINT(BD/WY)
490 IF B>B1 AND B1=BD1+1 THEN B1=B1-1
500 KP=0
510 IF ABS(BC-CINT(BC))<1D-006 THEN B2=CINT(BC)-1 : KP=1
520 '
530 ' - - - -  Y方向積み上げコア列数
540 FOR I=B1 TO B2
550 ' - - - -  各象限でのコアのX、Y座標値
560 IF L=1 THEN XC=A1-XP : YC=I*WY-YP
570 IF L=2 THEN XC=A1+XP : YC=I*WY-YP
580 IF L=3 THEN XC=A1+XP : YC=I*WY+YP
590 IF L=4 THEN XC=A1-XP : YC=I*WY+YP
600 YX=SQR(XC^2+YC^2)    :'式 (5.1.20)
610 XS=XC*(R/YX-1)       :'式 (5.1.21)
620 YS=YC*(R/YX-1)       :'式 (5.1.21)
630 IF XS<0 OR YS<0 THEN CV=4 ELSE CV=7
640 ' - - - -  象限の座標変換
650 IF L=1 THEN XS=XS  : YS=YS
660 IF L=2 THEN XS=-XS : YS=YS
670 IF L=3 THEN XS=-XS : YS=-YS
```

```
680 IF L=4 THEN XS=XS    : YS=-YS
690 XU=CX+XS*A
700 YU=CY-YS*A
710 PSET(XU,YU),CV        :'マンダ（Ⅰ）のドット
720 NEXT I
730 ' - - - -
740 B1=B2
750 IF KP=1 THEN B1=B2+1
760 IF J=CP THEN 770 ELSE 790
770 IF ABS(R^2-(A2^2+Y^2))<1D-006 THEN 790
780 IF R^2<A2^2+Y^2 THEN B1=0
790 NEXT J
800 NEXT L
810 ' - - - - -
820 ' - - - - - 限界線の作図
830 Q=0
840 BX=CX   : BY=CY
850 PC=A
860 QX(1)=1 : QX(2)=-1 : QX(3)=-1 : QX(4)= 1 :'象限変換係数
870 QY(1)=1 : QY(2)= 1 : QY(3)=-1 : QY(4)=-1
880 H1=0 : H2=.5#
890 FOR L=1 TO 4
900 FOR I=PA*H1  TO H2*PA STEP .01
910 X=R*COS(I) : Y=R*SIN(I)     :'式（5.2.14）
920 XQ=(X-WX*QX(L))
930 YQ=(Y-WY*QY(L))
940 AR=SQR(XQ^2+YQ^2)           :'式（5.2.10）
950 XS=XQ*R/AR-XQ               :'式（5.2.11）
960 YS=YQ*R/AR-YQ               :'式（5.2.12）
970 X3=BX+XS*PC
980 Y3=BY-YS*PC
990   IF L=1 AND Y<WY  OR L=1 AND X<WX    THEN 1040
1000  IF L=2 AND Y<WY OR L=2 AND X>-WX    THEN 1040
1010  IF L=3 AND Y>-WY OR L=3 AND X>-WX   THEN 1040
1020  IF L=4 AND Y>-WY  OR L=4 AND X<WX   THEN 1040
1030 PSET (X3,Y3),6              :'限界線ドット
1040 NEXT I
1050    H1=H1+.5#
1060    H2=H2+.5#
1070 NEXT L
1080 ' - - - - - -
1090 PRINT" MAND1 "
1100 PRINT" R=";R
1110 PRINT"XP=";XP
1120 PRINT"YP=";YP
1130 PRINT" WX=";WX
1140 PRINT" WY=";WY
1150 INPUT A$
1160 CLS 3
1170 END
```

1.8 アルゴリズム：MAND2（単位正方形コアのマンダ（II）の図）

　丸，四角，三角形などの基本図形，あるいは数を数えることは人類にとって最も普遍的な事柄に属するため，数学だけでなく古来よりわれわれのあらゆる生活や文明と深い関係にあった．そしてこの普遍性は精神世界の中でしばしば神性と同じものと見なされてきた．それゆえイスラームの幾何学模様，キリスト圏でのタペストリーなどに取り入れられている．インド発祥の曼荼羅などもこれらの基本図形の普遍性によるところが大きいと思われる．

　式（P3）によって条件づけられたアルゴリズム：MAND2は第2形式のマンダ構造マンダ（II）の作成アルゴリズムである．その像には人間の潜在的知覚と共鳴することによって，あたかも"マンダラ"を彷彿させるような精神世界にわれわれを誘っているように見える．この像は円半径rの小数点以下での違いでも異なったものとなる．もし読者が独自のr値（1000～4000の間の実数値が適当）を選べば自分だけのマンダ像をもつことができる．

　このように精神世界の根底に数学世界があることは，近世のヨーロッパの古い大学ではあらゆる学問が神学から分かれ，教員はすべて聖職者であったことをみれば何ら不思議なことではない．さらに，ギリシャ以前では原始的な科学，哲学，宗教は混然としていたものと思われる．

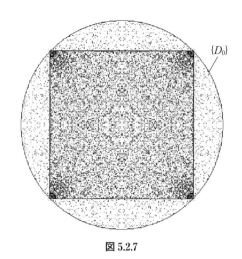

図 5.2.7

＜アルゴリズムの解説＞

　マンダ（II）の像は4つの象限に作られるマンダ（I）の像を第1象限の基本コア内に集めただけであるから，アルゴリズム：MAND2はアルゴリズム：MAND1の一部の修正だけでよい．

　そこで，アルゴリズムは

単位正方形コア円周積み上げ計測	行番号	290-540 および 730-790
MU変換によるマンダ（II）の像の作成	行番号	560-720
マンダ（II）への座標変換	行番号	920-950

1.8 アルゴリズム：MAND 2（単位正方形コアのマンダ（II）の図）

限界線の計算と軌跡作成　　　　　　　　行番号　　980–1160

となっている．このアルゴリズムでは，式(P 3)の条件は行番号 210 で指定されている．なお，式(P 3)以外の入力でもマンダ構造は可能であるのでアルゴリズムはその場合にも適用できるように作成されている．ただし，その場合は限界線の部分は適用できない．また，この限界線は円のように見えるが開放系であり決して閉じることはない．

```
100 ' " MAND2 "
110 '  BY M.Samata
120 '  MANDA Structure (II) Square Cores AND Curve of Limit dots
130 SCREEN 3,0,0,1:CONSOLE 0,25,0,1:WIDTH 80,25:CLS 3
140 WIDTH LPRINT 70
150 PA=3.14159265358979#
160 DIM N(4)
170 CLS 3
180 ' - - - - -
190 R=1000.32                          :'円半径（入力）
200 ' - - - - -
210 XP=0 : YP=0 : WX=1 : WY=1    :'単位正方形デフォルト
220 ' - - - - -
230  KP=0
240 PX=350
250 PY=250
260 A=200
270 CX=PX-(WX/2)*A  :  CY=PY+(WY/2)*A
280  AG=A*WX  :  BG=A*WY
290 ' - - - - 円周への正方形の積み上げ計算
300 FOR L=1 TO 4
310 IF L=1 THEN X=XP   : Y=YP   : RT=R
320 IF L=2 THEN X=-XP  : Y=YP   : RT=R
330 IF L=3 THEN X=-XP  : Y=-YP  : RT=SQR(R^2-Y^2)
340 IF L=4 THEN X=XP   : Y=-YP  : RT=SQR(R^2-Y^2)
350 FQ=(RT+X)/WX
360 FF=FIX(FQ)
370 CP=0
380 IF ABS(FQ-CINT(FQ))<1D-006 THEN CP=1 : FF=CINT(FQ)
390 B1=0  : N=0
400 FOR J=CP     TO FF
410 AA1=FF-J
420 A1=AA1*WX
430 A2=A1-X
440 VB=(R^2-A2^2)
450 IF VB<=0 THEN B=Y : GOTO 470
460 B=SQR(VB)+Y
470 IF L=1 AND J=FF OR L=4 AND J=FF THEN B=R+Y
480 BC=B/WY  :  B2=FIX(BC)
490 IF L=1 AND J=FF OR L=4 AND J=FF THEN 500 ELSE 530
500 BD=(SQR(R^2-X^2)+Y) : BDC=BD/WY : BD1=FIX(BDC)
510 IF ABS(BDC-CINT(BDC))<1D-006 THEN BD1=CINT(BD/WY)
520 IF B>B1 AND B1=BD1+1 THEN B1=B1-1
530 KP=0
540 IF ABS(BC-CINT(BC))<1D-006 THEN B2=CINT(BC)-1 : KP=1
550 ' - - - - Y方向積み上げコア列数
560 FOR I=B1 TO B2
570 ' - - - - 各象限でのX、Y座標値
580 IF L=1 THEN XC=A1-XP : YC=I*WY-YP
590 IF L=2 THEN XC=A1+XP : YC=I*WY-YP
600 IF L=3 THEN XC=A1+XP : YC=I*WY+YP
610 IF L=4 THEN XC=A1-XP : YC=I*WY+YP
620 YX=SQR(XC^2+YC^2)    :'式 (5.1.20)
630 XS=XC*(R/YX-1)       :'式 (5.1.21)
640 YS=YC*(R/YX-1)       :'式 (5.1.21)
650 IF XS<0 OR YS<0 THEN CV=4 ELSE CV=7
660 ' - - - 式 (5.1.17)
670 IF L=1 THEN XU=CX+XS*A    : YU=CY-YS*A
```

```
680 IF L=2 THEN XU=CX-XS*A+AG : YU=CY-YS*A
690 IF L=3 THEN XU=CX-XS*A+AG : YU=CY+YS*A-BG
700 IF L=4 THEN XU=CX+XS*A    : YU=CY+YS*A-BG
710 PSET(XU,YU),CV            : 'マンダ（Ⅱ）のドット
720 NEXT I
730 B1=B2
740 IF KP=1 THEN B1=B2+1
750 IF J=CP THEN 760 ELSE 780
760 IF ABS(R^2-(A2^2+Y^2))<1D-006 THEN 780
770 IF R^2<A2^2+Y^2 THEN B1=0
780 NEXT J
790 NEXT L
800 '
810 '- - - - 正方形基本コアの角点作図
820 LINE (CX,CY)-(CX+AG,CY-BG),,B
830 CIRCLE (CX,CY),3,3
840 CIRCLE (CX,CY-BG),3,3
850 CIRCLE (CX+AG,CY),3,3
860 CIRCLE (CX+AG,CY-BG),3,3
870 ' - - - - -
880 Q=0
890 BX=PX : BY=PY
900 PC=A
910 ' - - - - 象限変換係数
920 QX(1)=1 : QX(2)=-1 : QX(3)=-1 : QX(4)= 1
930 QY(1)=1 : QY(2)= 1 : QY(3)=-1 : QY(4)=-1
940 HX(1)=0 : HX(2)=1 : HX(3)=1 : HX(4)= 0
950 HY(1)=0 : HY(2)=0 : HY(3)=1 : HY(4)=1
960 H1=0 : H2=.5#
970 ' - - - - 限界線の計算と表示
980 FOR L=1 TO 4
990 FOR I=PA*H1  TO H2*PA STEP .01
1000 X=R*COS(I) : Y=R*SIN(I)    : '式 (5.2.14)
1010 XQ=(X-WX*QX(L))
1020 YQ=(Y-WY*QY(L))
1030 AR=SQR(XQ^2+YQ^2)          : '式 (5.2.10)
1040 XS=XQ*R/AR-XQ               : '式 (5.2.11)
1050 YS=YQ*R/AR-YQ               : '式 (5.2.12)
1060    X3=BX+(XS+WX*HX(L)-WX/2)*PC  : '象限変換
1070    Y3=BY-(YS+WY*HY(L)-WY/2)*PC  : '象限変換
1080    IF L=1 AND Y<WY  OR L=1 AND X<WX    THEN 1130
1090    IF L=2 AND Y<WY  OR L=2 AND X>-WX   THEN 1130
1100    IF L=3 AND Y>-WY OR L=3 AND X>-WX   THEN 1130
1110    IF L=4 AND Y>-WY OR L=4 AND X<WX    THEN 1130
1120 PSET (X3,Y3),6             : 'マンダ（Ⅱ）の限界線
1130 NEXT I
1140    H1=H1+.5#
1150    H2=H2+.5#
1160 NEXT L
1170 PRINT" MAND2 "
1180 PRINT" R=";R
1190 PRINT" X=";XP
1200 PRINT" Y=";YP
1210 PRINT" WX=";WX
1220 PRINT" WY=";WY
1230 INPUT A$
1240 CLS 3
1250 END
```

1.9 アルゴリズム：CXYF（同心円内の DC および NDC 群の図）

　正方形コアで円周を覆ったとき，その正方形の辺長分ずつ半径を減少させ，その半径の減少した円周にコアを積み上げる．この操作を続けていくと LCS 本図 5.3.5 となる．その面に張られた各コアは円弧を 1 つ含むものと，2 つ含むものに分かれる．2 つ含むコアを重複群 DC，1 つしか含まないコアを重複なし群 NDC とよぶ．この条件は

$$\text{コア：正方形　かつ　}\Delta x = \Delta y = 0 \tag{P4}$$

である．実際には長方形でも成り立つが，その場合は DC 群コアが含む円弧は 2 つ以上となる．また，この DC 群と NDC 群にはそれぞれ離散構造式が導かれる．式(P4)で条件づけられた DC 群と NDC 群には，LCS 本図 5.3.4 に見られるようにマンダ構造が深く関わっていることは大変興味深いことである．

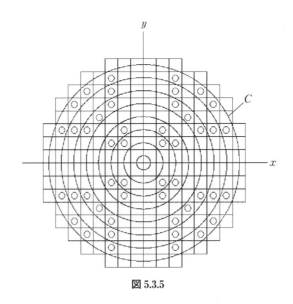

図 5.3.5

＜アルゴリズムの解説＞

　アルゴリズム：CXYF では行番号 280 のように半径の単位減少長さ CFW をデフォルト値としてコア辺長と等しくとってある．この CFW 値は，コア辺長以下であれば作図は成り立つ．アルゴリズムは

　　円の CFW 単位での縮小積み上げループ　　　行番号　　340-840
　　DC および NDC コアの計測と作図　　　　　行番号　　870-1190

となっている．出力では計測コア数 NN，DC コア数 NNT，NDC コア数 NDC，NDC の離散構造式 DSE がそれぞれ出力される．ここで，式(P4)の条件では

$$NN = NNT + NDC \tag{P5}$$

が成り立たなければならないことを確認しよう．

```
100 '   "CXYF "
110 ' Figure of DC Group and NDC Group on Circle Surface
120 ' by M.Samata
130 SCREEN 3,0,0,1:CONSOLE 0,25,0,1:WIDTH 80,25:CLS 3
140 WIDTH LPRINT 70
150 PA=3.14159265358979#
160 DIM PX(100,4),PY(100,4),N(4),SX(4),SY(4),F(20),FT(20)
170 DIM C(20),CX(20),CY(20)
180 CLS 3
190 ' - - - - -
200 QK=1
210 ' - - - - -
220 RR=8.2#                    :' 円の半径
230 XP=0                       :' XP=0 only
240 YP=0                       :' ZP=0 only
250 WX=1.1#                    :' 正方形X辺長さ
260 WY=1.1#                    :' 正方形Y辺長さ
270 ' - - - - 円半径の減少単位
280 CFW=1.1#                   :' CFW=<min(WX,WZ)
290 ' - - - -
300 NN=0 : KP=0 :KP1=0 : KP2=0 : NNT=0 : NNB=0 : NN1=0
310 SX(1)=1  :SX(2)=-1 :SX(3)=-1 :SX(4)=1
320 SY(1)=1  :SY(2)= 1 :SY(3)=-1 :SY(4)=-1
330 ' - - - - 円のＣＦＷ単位での縮小ループ
340 FOR R=RR TO 0  STEP -CFW    :' 式 (5.3.11)
350 FOR L=1 TO 4
360 IF L=1 THEN X=XP   : Y=YP    : RT=R
370 IF L=2 THEN X=-XP  : Y=YP    : RT=R
380 IF L=3 THEN X=-XP  : Y=-YP   : RT=SQR((R^2-Y^2))
390 IF L=4 THEN X=XP   : Y=-YP   : RT=SQR((R^2-Y^2))
400 FQ=(RT+X)/WX
410 FF=FIX(FQ)
420 CP=0
430 IF ABS(FQ-CINT(FQ))<1D-006 AND QK=1 THEN FF=CINT(FQ) : CP=1 : KP2=KP2+1
440 B1=0  : N=0
450 ' - - 積み上げX軸補正
460 IF L=1 OR L=2 THEN 470 ELSE 500
470 IF  (R^2-Y^2)<0 THEN 500
480 FFX=FIX((SQR(R^2-Y^2)+X)/WX)
490 ' - - - - 円周への正方形コア積み上げ
500 FOR J=CP     TO FF
510 AA1=FF-J
520 A1=AA1*WX
530 A2=A1-X
540 VB=(R^2-A2^2)
550 IF VB<=0 THEN B=Y : GOTO 570
560 B=SQR(VB)+Y
570 IF L=1 AND J=FF OR L=4 AND J=FF THEN B=(R+Y)
580 BC=B/WY : B2=FIX(BC)
590 IF L=1 AND J=FF OR L=4 AND J=FF THEN 610 ELSE 700
600 ' - - Y軸上の補正 - -
610   IF (R^2-(WX-X)^2)<0 THEN BB1=0  : GOTO 630
620   BB1=SQR(R^2-(WX-X)^2)+Y
630   IF (R^2-X^2)<0 THEN BB2=0 : GOTO 650
640   BB2=SQR(R^2-X^2)+Y
650 BD=BB1
660 IF BB1>BB2 THEN BD=BB2
```

```
670 BDD=BD/WY : B1=FIX(BDD)
680 IF ABS(BDD-CINT(BDD))<1D-006 THEN B1=CINT(BDD)
690 ' - - - - - - -
700 KP=0
710 IF ABS(BC-CINT(BC))<1D-006 AND QK=1 THEN KP=QK :B2=CINT(BC)-1 : KP1=KP1+1
720 '
730 FOR I=B1 TO B2
740 ' - - - コアのＸ、Ｙ座標値
750 N=N+1 : NN=NN+1 : PY(N,L)=I*SY(L)*WY   : PX(N,L)=A1*SX(L)
760 NEXT I
770 B1=B2
780 IF KP=1 THEN B1=B2+1
790 IF L=1 OR L=2 THEN 800 ELSE 820
800 IF AA1>FFX THEN B1=0
810 ' - - - - - -
820 NEXT J
830 N(L)=N
840 NEXT L
850 '
860 ' - - - - - ＤＣ及びＮＤＣ群の計測
870 CX=350
880 CY=270
890 CR=180      : RX=CR/RR: CC=RX*(RR-1)
900 A=CR/RR     : CCY=CY-A*YP: CCX=CX+A*XP: CCR=A*R
910 LINE (120 ,CY)-(620,CY)
920 LINE (CX,30 )-(CX,440)
930 X1=CX+A*XP  : Y1=CY-A*YP
940 UX=WX*A : UY=WY*A
950 FOR J=1 TO 4
960 AX=UX*SX(J) : AY=UY*SY(J)
970 FOR I=1 TO N(J)
980 X1=CX +A*PX(I,J) : Y1=CY - A*PY(I,J)
990 X2=CX +A*(PX(I,J)+WX*SX(J)): Y2=CY - A*(PY(I,J)+WY*SY(J))
1000 LINE(X2,Y2)-(X1,Y1),,B      : 'コアの作図
1010 ' - - - -
1020 XJ=PX(I,J)-XP : YJ=PY(I,J)-YP
1030 RQR=SQR(XJ^2+YJ^2)           : '式 (5.1.20)
1040 IF RQR=0 THEN 1090
1050 XS=XJ*(R/RQR-1)               : '式 (5.1.21)
1060 YS=YJ*(R/RQR-1)               : '式 (5.1.21)
1070 ' - - - - ＤＣとＮＤＣ群の判別  式 (5.3.10)
1080 IF SQR(XS^2+YS^2)>CFW THEN 1090 ELSE 1120
1090 X21=X1+AX*.5# : Y21=Y1-AY*.5#
1100 IF R<CFW THEN 1120
1110 CIRCLE (X21,Y21),A*.3#  : NNT=NNT+1 : 'ＤＣ群の表示
1120 NEXT I,J
1130 ' - - - - 減少した円群の作図
1140 FOR I=0 TO 2*PA STEP .005
1150 XA=R*COS(I)+XP : YA=R*SIN(I)+YP
1160 X11=CX+A*XA : Y11=CY-A*YA
1170 PSET (X11,Y11)
1180 NEXT I
1190 NEXT R
1200 NDC=NN-NNT
1210 KP=KP1+KP2
1220 KIN=(PA*RR^2/CFW+4*RR)/CFW  : '式 (5.3.22) 離散構造式
1230 DSE=CINT(KIN)
```

```
1240 ' - - - -
1250 PRINT " CXYF "
1260 PRINT"R=";RR
1270 PRINT"XP=";XP
1280 PRINT"YP=";YP
1290 PRINT"WX=";WX
1300 PRINT"WY=";WY
1310 PRINT"CFW=";CFW              :'半径の減少率
1320 PRINT
1330 PRINT"Total.N=";NN           :'計測全コア数
1340 PRINT"    D.C=";NNT          :'ＤＣコア数
1350 PRINT" N.D.C=";NDC           :'ＮＤＣコア数
1360 PRINT"    DSE=";DSE          :'離散構造式
1370 PRINT"KP=";KP                :'交点数
1380 INPUT;A$
1390 CLS 3
1400 END
```

1.10 アルゴリズム：CNDCF
　　　（円周に積み上げられた NDC コアの図）

　アルゴリズム：CNDCF は，コアを単位正方形としてアルゴリズム：CXYF の 1 つの円周の積み上げだけをとったものであり，LCS 本では図 5.3.6 に示す．したがって，条件は

$$\text{半径 } r \text{ の円：単位正方形コア：} \Delta x = \Delta y = 0 \tag{P 6}$$

である．ユークリッドの公理・公準は，図形の基本的性質や数の性質を言語により述べたものであり，今日の数学はここから始まったといっても過言ではないだろう．それは点や線は形も大きさももたないものとされた．これは円の直径と円周の長さの比を円周率 π として厳密化するのに大いに役立った．ユークリッド以後，平面上に実際に円を描くことは公理・公準を基に説明するための仮の姿といっていいだろう．はたしてそれで良いのであろうか．アルゴリズム：CNDCF は，単位正方形コアを円周へおよそ $2\pi r$ 個積み上げるためのアルゴリズムである．この積み上げがユークリッドの公理・公準を逸脱していたのでは数学とはならない．それはこの積み上げの内部に厳密な π を内包していることが要請される．

　円周に積み上げられた単位正方形の個数は式(P 5) より DC コアと NDC コアに分かれるが，そのうち NDC コア数は離散構造式よりおよそ $2\pi r$ 個となる．そこで，NDC コア数を ＃{NDC}とすると

$$\pi_\circ = \frac{\#\{\text{NDC}\}}{2r} \tag{P 7}$$

により $\pi_\circ$ なる値を得る．有限な大きな値を $f\mathcal{L}$ とすると，$\pi_\circ$ には

$$r \to f\mathcal{L}: \quad \pi_\circ \to \pi \tag{P 8}$$

が要請される．この傾向は r の増大により振動誤差 $\pm E_f$ となり，E_f の最大幅はおよそ $\pm r^{2/3}$ の傾向をもつ．この傾向より $\pi_\circ$ が 3.1415… を保障するためには $r=10^{11}$ 以上が必要と試算される．この r 値はたしかに膨大であるが，NDC コアの積み上げの中に π を内包していることがわかるであろう．

　アルゴリズムでは，NDC コアを求めるのにマンダ構造の MU 変換による判別を用いているが，実際に円周に積み上げられたコアから NDC コアを求めるのはさほど難しくはない．

　1 枚の（1×1）の正方方眼紙を用意しよう．これは格子となっているから適当な格子点を原点としよう．コンパスを用意して，その原点を軸として 1 つの半径 r の円を描く．このときの半径は適当でよい．その画かれた円周を含む 1 つ 1 つの格子枠を丹念に鉛筆で枠取りしよう．これで円周に積み上げられた単位正方形コアの積み上げが得られたことになる．次に，コンパスの半径を r より方眼紙の 1 目盛り分だけ小さくなるように正確に測り，また同じ原点を軸として 2 番目の円を描く．最初に鉛筆で枠取りされた格子枠の中で 2 番目の円周を含んだ格子枠だけを消しゴムで丹念に消そう．残った格子枠は半径 r の円の NDC コアとなっている．この NDC コアの個

1.10 アルゴリズム：CNDCF（円周に積み上げられた NDC コアの図）

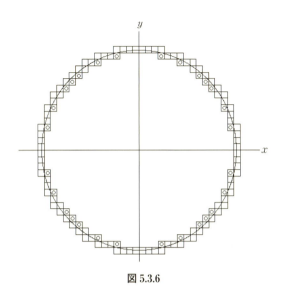

図 5.3.6

数に式（P 7）を適用すれば π_0 が得られる．これは小学生にでもできる．

ギリシャ以前の古代人でもこのようにして円周の長さは直径のおよそ 3 倍であることを知っていたのかも知れない．昨今の小学校教育において円周率を 3 にするか 3.14 にするかが問題になっているようである．いずれにせよ鵜呑みにさせられることには変わりがない．円周率が図上で簡単に数えられることが教えられていないのである．数学嫌いはこうして生まれるにちがいない．

<アルゴリズムの解説>

アルゴリズム：CNDCF は先に述べたようにアルゴリズム：CXYF の 1 つの円周だけをとったものである．入力は円半径 RR だけであり，そのほかの諸元が行番号 230 に与えられている．アルゴリズムは

円周への単位正方形コアの積み上げ計算	行番号	310-760
積み上げの作図	行番号	790-980
DC 群と NDC 群の判別と作図	行番号	1000-1100

となっている．DC 群は図中では〇印として与えられる．出力の諸元としては計測コア数＝NN，NDC コア数＝NDC，DC コア数＝NNT であり，さらに DC および NDC の離散構造式からの近似値が KNDC，KDC として与えられている．また，行番号 1320 に式（P 7）による π_0 値が出力されているから，π への接近を見ることができる．

```
100 '   " CNDCF "
110 '  Covering on Circumference with NDC groups
120 '   by M.Samata
130 SCREEN 3,0,0,1:CONSOLE 0,25,0,1:WIDTH 80,25:CLS 3
140 WIDTH LPRINT 70
150 PA=3.14159265358979#
160 DIM PX(100,4),PY(100,4),N(4),SX(4),SY(4),F(20),FT(20)
170 DIM C(20),CX(20),CY(20)
180 CLS 3
190 QK=1
200 ' - - - - - -
210 RR=15.4#             :'円の半径
220 ' - - - - - - 諸元の確定値
230 XP=0 : YP=0 : WX=1 : WY=1 : CFW=1
240 ' - - - - - -
250 NN=0 : KP=0 :KP1=0 : KP2=0  : NNT=0
260 SX(1)=1  :SX(2)=-1 :SX(3)=-1 :SX(4)=1
270 SY(1)=1  :SY(2)= 1 :SY(3)=-1 :SY(4)=-1
280 ' - - - - - ＲＲのみの計測と作図
290  R=RR
300 ' - - - - - - コアの円周積み上げ
310 FOR L=1 TO 4
320 IF L=1 THEN X=XP  : Y=YP      : RT=R
330 IF L=2 THEN X=-XP : Y=YP      : RT=R
340 IF L=3 THEN X=-XP : Y=-YP     : RT=SQR((R^2-Y^2))
350 IF L=4 THEN X=XP  : Y=-YP     : RT=SQR((R^2-Y^2))
360 FQ=(RT+X)/WX
370 FF=FIX(FQ)
380 CP=0
390 IF ABS(FQ-CINT(FQ))<1D-006 AND QK=1 THEN FF=CINT(FQ) : CP=1 : KP2=KP2+1
400 B1=0  : N=0
410 IF L=1 OR L=2 THEN 420 ELSE 450
420 IF  (R^2-Y^2)<0 THEN 450
430 FFX=FIX((SQR(R^2-Y^2)+X)/WX)
440 '
450 FOR J=CP     TO FF
460 AA1=FF-J
470 A1=AA1*WX
480 A2=A1-X
490 VB=(R^2-A2^2)
500 IF VB<=0 THEN B=Y : GOTO 520
510 B=SQR(VB)+Y
520 IF L=1 AND J=FF OR L=4 AND J=FF THEN B=(R+Y)
530 BC=B/WY : B2=FIX(BC)
540 IF L=1 AND J=FF OR L=4 AND J=FF THEN 550 ELSE 630
550   IF (R^2-(WX-X)^2)<0 THEN BB1=0  : GOTO 570
560   BB1=SQR(R^2-(WX-X)^2)+Z
570   IF (R^2-X^2)<0 THEN BB2=0 : GOTO 590
580     BB2=SQR(R^2-X^2)+Y
590 BD=BB1
600 IF BB1>BB2 THEN BD=BB2
610 BDD=BD/WY : B1=FIX(BDD)
620 IF ABS(BDD-CINT(BDD))<1D-006 THEN B1=CINT(BDD)
630 KP=0
640 IF ABS(BC-CINT(BC))<1D-006 AND QK=1 THEN KP=QK :B2=CINT(BC)-1 : KP1=KP1+1
650 '
```

1.10 アルゴリズム：CNDCF（円周に積み上げられたNDCコアの図）

```
660 FOR I=B1 TO B2
670 ' --- 積み上げコアのX、Y座標値
680 N=N+1 : NN=NN+1 : PY(N,L)=I*SY(L)*WY  : PX(N,L)=A1*SX(L)
690 NEXT I
700 B1=B2
710 IF KP=1 THEN B1=B2+1
720 IF L=1 OR L=2 THEN 730 ELSE 740
730 IF AA1>FFX THEN B1=0
740 NEXT J
750 N(L)=N
760 NEXT L
770 '
780 ' ---- 円周積み上げとＤＣ群コアの指定
790 CX=350
800 CY=250
810 CR=180       : RX=CR/RR: CC=RX*(RR-1)
820 A=CR/RR      : CCY=CY-A*YP: CCX=CX+A*XP: CCR=A*R
830 LINE (120,CY)-(620,CY)
840 LINE (CX,30 )-(CX,450)
850 X1=CX+A*XP   : Y1=CY-A*YP
860 UX=WX*A : UY=WY*A
870 FOR J=1 TO 4
880 AX=UX*SX(J)  : AY=UY*SY(J)
890 FOR I=1 TO N(J)
900 X1=CX +A*PX(I,J) : Y1=CY - A*PY(I,J)
910 X2=CX +A*(PX(I,J)+WX*SX(J)): Y2=CY - A*(PY(I,J)+WY*SY(J))
920 LINE(X2,Y2)-(X1,Y1),,B
930 ' ---- ＤＣ及びＮＤＣ群の計算
940 XJ=PX(I,J)-XP : YJ=PY(I,J)-YP
950 RQR=SQR(XJ^2+YJ^2)
960 IF RQR=0 THEN 1010
970 XS=XJ*(R/RQR-1)
980 YS=YJ*(R/RQR-1)
990 ' ---- ＤＣ、ＮＤＣ群の判別
1000 IF SQR(XS^2+YS^2)>CFW THEN 1010 ELSE 1050
1010 X21=X1+AX*.5# : Y21=Y1-AY*.5#
1020 IF R<CFW THEN 1050
1030 CIRCLE (X21,Y21),A*.3# : NNT=NNT+1 : 'ＤＣコアの指定
1040 ' ----
1050 NEXT I,J
1060 FOR I=0 TO 2*PA STEP .005        :'円の作図
1070 XA=R*COS(I)+XP : YA=R*SIN(I)+YP
1080 X11=CX+A*XA  : Y11=CY-A*YA
1090 PSET (X11,Y11)
1100 NEXT I
1110 NDC=NN-NNT
1120 ' ---- ＮＤＣ群等の近似
1130 KNDC=2*PA*RR : KNDC=FIX(KNDC)
1140 KDC=8*RR-KNDC : KDC=FIX(KDC)
1150 KPA=NDC/2/RR           :'ＮＤＣ群より得られた円周率
1160 KP=KP1+KP2
1170 PRINT " CNDCF "
1180 PRINT"R=";RR
1190 PRINT"XP=";XP
1200 PRINT"YP=";YP
1210 PRINT"WX=";WX
1220 PRINT"WY=";WY
1230 PRINT"CFW=";CFW
```

```
1240 PRINT
1250 PRINT"  Total. N=";NN       :'コア数
1260 PRINT"    N.D.C=";NDC       :'ＮＤＣコア数
1270 PRINT"Kin.NDC=";KNDC        :'ＮＤＣの近似値
1280 PRINT"      D.C=";NNT       :'ＤＣコア数
1290 PRINT"Kin.DC=";KDC          :'ＤＣの近似値
1300 PRINT"KP=";KP
1310 PRINT
1320 PRINT USING"K.PAI=#.####";KPA   :'ＮＤＣによる円周率の値
1330 INPUT;A$
1340 CLS 3
1350 END
```

第 2 章

2次元楕円のアルゴリズム

2.1 アルゴリズム：ERRP（長方形コアの楕円周の積み上げ図）

アルゴリズム：ERRP は，楕円周上への長方形コアの積み上げアルゴリズムであり，LCS 本図 6.2.1 にその例を示した．アルゴリズム：ERRP は円での長方形コア積み上げのアルゴリズム：CRRP を基体として円の演算式を楕円の演算式に変えるだけでよい．これは円周のもつ座標系に対する円の単調性 $f_\circ$ と楕円の $f_\circ$ が同じことによる．円の半径 r は楕円の場合には x 軸径 QX と y 軸径 QY に分かれる．この場合，QX，QY は x，y 軸に平行に置かれる必要がある．

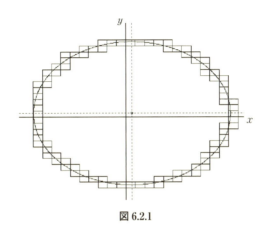

図 6.2.1

＜アルゴリズムの解説＞

積み上げアルゴリズムは基本的に円の場合と同じなので，積み上げ方法の詳細は円でのアルゴリズム：CRRP を参照してほしい．アルゴリズムとしては

楕円周への長方形コアの積み上げ計測	行番号	320-760
楕円周積み上げでの作図	行番号	790-1020
楕円周積み上げコア数の計算式	行番号	1040-1300

となる．また，楕円の演算式は

| 楕円周への長方形コアの積み上げ計測 | 行番号 | 350, 360, 430, 500, 550, 560 |
| 楕円周積み上げコア数の計算式 | 行番号 | 1080-1110, 1200-1230 |

で与えられる．行番号 1180 は，行番号 1050-1120 の間で +4 を別途加えるための項である．出力諸元では N＝計測コア数，FW＝計算式によるコア数，DSE＝楕円の離散構造式による値である．ここでは交点数が Kp=0 であれば，必ず N＝FW となることに注意しよう．

```
100 '   " ERRP "
110 ' Rectangle Cores piling aroud Ellipse
120 ' All Cores pile up Method and Calcu.Eq by M.Samata
130 SCREEN 3,0,0,1:CONSOLE 0,25,0,1:WIDTH 80,25:CLS 3
140 WIDTH LPRINT 70
150 PA=3.14159265358979#
160 DIM PX(100,4),PY(100,4),N(4),SX(4),SY(4),F(20),FT(20)
170 CLS 3
180 QK=1
190 ' - - - - - -
200 QX=18.3#          :'X軸楕円径
210 QY=12.2#          :'Y軸楕円径
220 XP=1.3#
230 YP=.8#
240 WX=2.1#
250 WY=1.3#
260 ' - - - - -
270 NN=0 : KP=0 :KP1=0 : KP2=0
280 SX(1)=1  :SX(2)=-1 :SX(3)=-1 :SX(4)=1
290 SY(1)=1  :SY(2)=1  :SY(3)=-1 :SY(4)=-1
300 '
310 ' - - - - - - 楕円周へのコア積み上げ計測
320 FOR L=1 TO 4
330 IF L=1 THEN X=XP   : Y=YP    : RT=QX
340 IF L=2 THEN X=-XP  : Y=YP    : RT=QX
350 IF L=3 THEN X=-XP  : Y=-YP   : RT=SQR(QY^2-Y^2)*QX/QY
360 IF L=4 THEN X=XP   : Y=-YP   : RT=SQR(QY^2-Y^2)*QX/QY
370 FQ=(RT+X)/WX
380 FF=FIX(FQ)
390 CP=0
400 IF ABS(FQ-CINT(FQ))<1D-006 AND QK=1 THEN FF=CINT(FQ) : CP=1 : KP2=KP2+1
410 B1=0  : N=0
420 IF L=1 OR L=4 THEN 430 ELSE 440
430 FFX=FIX((SQR(QY^2-Y^2)*QX/QY+X)/WX)
440 FOR J=CP     TO FF
450 AA1=FF-J
460 A1=AA1*WX
470 A2=A1-X
480 VB=(QX^2-A2^2)
490 IF VB<=0 THEN B=Y : GOTO 510
500 B=SQR(VB)*QY/QX+Y
510 IF L=1 AND J=FF OR L=4 AND J=FF THEN B=(QY+Y)
520 BC=B/WY   : B2=FIX(BC)
530 IF L=1 AND J=FF OR L=4 AND J=FF THEN 550 ELSE 620
540 ' - - - - - -
550   BB1=(SQR(QX^2-(WX-X)^2)*QY/QX+Y)
560   BB2=(SQR(QX^2-X^2)*QY/QX+Y)
570 BD=BB1
580 IF BB1>BB2 THEN BD=BB2
590 BDD=BD/WY : B1=FIX(BDD)
600 IF ABS(BDD-CINT(BDD))<1D-006 THEN B1=CINT(BDD)
610 ' - - - - - -
620 KP=0
630 IF ABS(BC-CINT(BC))<1D-006   THEN KP=QK :B2=CINT(BC)-1 : KP1=KP1+1
640 '
650 FOR I=B1 TO B2
660 '
```

```
670 N=N+1 : PY(N,L)=I*SY(L)*WY   : PX(N,L)=A1*SX(L)
680 '
690 NEXT I
700 B1=B2
710 IF KP=1 THEN B1=B2+1
720 IF L=1 OR L=2 THEN 730 ELSE 740
730 IF AA1>FFX THEN B1=0
740 NEXT J
750 N(L)=N
760 NEXT L
770 '
780 ' ---- 楕円積み上げの作図
790 CX=300
800 CY=270
810 IF QX>=QY THEN R=QX ELSE R=QY
820 CR=200       : RX=CR/R : CC=RX*(R -1)
830 A=CR/R       : CCY=CY-A*YP: CCX=CX+A*XP: CCR=A*R
840 LINE (100,CY)-(520,CY)
850 LINE (CX,30 )-(CX,400)
860 X1=CX+A*XP  : Y1=CY-A*YP
870 CIRCLE (X1,Y1),3,4
880 FOR J=1 TO 4
890 FOR I=1 TO N(J)
900 X1=CX +A*PX(I,J) : Y1=CY -A*PY(I,J)
910 X2=CX +A*(PX(I,J)+WX*SX(J)): Y2=CY -A*(PY(I,J)+WY*SY(J))
920 LINE(X2,Y2)-(X1,Y1),,B          : 'コア作図
930 NEXT I,J
940 FOR I=0 TO 2*PA STEP .005       : '楕円作図
950 XA=QX*COS(I)+XP  : YA=QY*SIN(I)+YP
960 X1=CX+A*XA  : Y1=CY-A*YA
970 PSET (X1,Y1),3
980 NEXT I
990 N1=0 : FU=0
1000 FOR I=1 TO 4
1010 N1=N1+N(I)
1020 NEXT I
1030 ' ---- 楕円周上コア計算式
1040  FU=0
1050 FT(1)=(QX+XP)/WX              : F(1)=FIX(FT(1))
1060 FT(2)=(QY+YP)/WY              : F(2)=FIX(FT(2))
1070 FT(3)=(QX-XP)/WX              : F(3)=FIX(FT(3))
1080 FT(4)=(QY*SQR(QX^2-XP^2)/QX+YP)/WY : F(4)=FIX(FT(4))
1090 FT(5)=(QX*SQR(QY^2-YP^2)/QY-XP)/WX : F(5)=FIX(FT(5))
1100 FT(6)=(QY*SQR(QX^2-XP^2)/QX-YP)/WY : F(6)=FIX(FT(8))
1110 FT(7)=(QX*SQR(QY^2-YP^2)/QY+XP)/WX : F(7)=FIX(FT(7))
1120 FT(8)=(QY-YP)/WY              : F(8)=FIX(FT(8))
1130 FOR I=1 TO 8
1140 IF ABS(FT(I)-CINT(FT(I)))<1D-006 THEN F(I)=CINT(FT(I))
1150 NEXT I
1160 FOR J=1 TO 8 : FU=FU+F(J) : NEXT J
1170 ' ----- F (1) ～F (7) の+4の追加
1180 FU=FU+4
1190 ' -----
1200  U(2)=(QY*SQR(QX^2-(WX-XP)^2)/QX+YP)/WY : FU(2)=FIX(U(2))
1210  U(8)=(QY*SQR(QX^2-(WX-XP)^2)/QX-YP)/WY : FU(8)=FIX(U(8))
1220  U(1)=(QX*SQR(QY^2-(WY-YP)^2)/QY+XP)/WX : FU(1)=FIX(U(1))
1230  U(3)=(QX*SQR(QY^2-(WY-YP)^2)/QY-XP)/WX : FU(3)=FIX(U(3))
1240 FOR J=1 TO 4
```

```
1250 IF ABS(U(I)-CINT(U(I)))<1D-006 THEN FU(I)=CINT(U(I))
1260 NEXT J
1270 IF FU(2)>F(4)  THEN FU=FU+FU(2)-F(4)
1280 IF FU(8)>F(6)  THEN FU=FU+FU(8)-F(6)
1290 IF FU(1)>F(7)  THEN FU=FU+FU(1)-F(7)
1300 IF FU(3)>F(5)  THEN FU=FU+FU(3)-F(5)
1310 ' - - - - -
1320 FW=FU-KP1-KP2
1330 NS=4*(QX/WX+QY/WY)      :'楕円周での離散構造式
1340 DSE=CINT(NS)
1350 KP=KP1+KP2
1360 PRINT " ERRP "
1370 PRINT"QX=";QX
1380 PRINT"QY=";QY
1390 PRINT"XP=";XP
1400 PRINT"YP=";YP
1410 PRINT"WX=";WX
1420 PRINT"WY=";WY
1430 PRINT
1440 PRINT" N=";N1          :'計測コア数
1450 PRINT"FW=";FW           :'計算式によるコア数
1460 PRINT"DSE=";DSE         :'離散構造式
1470 PRINT" KP=";KP          :'交点数
1480 INPUT;A$
1490 CLS 3
1500 END
```

2.2 アルゴリズム：ESFP（長方形コアの楕円面の積み上げ図）

アルゴリズム：ESFP は，LCS 本図 6.2.2 に示す楕円面に積み上げられたコアの作成アルゴリズムである．アルゴリズム：ESFP は円の場合と同じくアルゴリズム：ERRP の一部を修正するだけで得られる．楕円面への長方形コアの積み上げは 3 次元での楕円体や楕円環トーラスなどの評価にとって重要である．

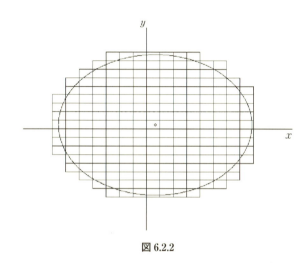

図 6.2.2

＜アルゴリズムの解説＞

積み上げアルゴリズムは基本的に円の場合と同じなので，積み上げ方法の詳細は円でのアルゴリズム：CSFP を参照してほしい．アルゴリズムとしては

  楕円周への長方形コアの積み上げ計測 行番号 320-670
  楕円面積み上げでの計測と作図 行番号 800-1000

となる．また，楕円の演算式は

  楕円周への長方形コアの積み上げ計測 行番号 350, 360, 430, 500, 540, 550, 560

で与えられる．行番号 630 の PX, PY の値はここではコア列数となっている．出力諸元では N＝計測コア数，DSE＝楕円面の離散構造式による値である．

```
100 '  " ESFP "
110 ' Rectangle Cores piling on Ellipse Sufase
120 ' by M.Samata
130 SCREEN 3,0,0,1:CONSOLE 0,25,0,1:WIDTH 80,25:CLS 3
140 WIDTH LPRINT 70
150 PA=3.14159265358979#
160 DIM PX(100,4),PY(100,4),N(4),SX(4),SY(4),F(20),FT(20)
170 CLS 3
180 QK=1
190 ' - - - - - -
200 QX=18.3#              :'X軸楕円径
210 QY=12.2#              :'Y軸楕円径
220 XP=1.3#
230 YP=.8#
240 WX=2.1#
250 WY=1.3#
260 ' - - - - - -
270 NN=0 : KP=0 :KP1=0 : KP2=0
280 SX(1)=1  :SX(2)=-1 :SX(3)=-1 :SX(4)=1
290 SY(1)=1  :SY(2)=1  :SY(3)=-1 :SY(4)=-1
300 '
310 ' - - - - - 楕円周へのコア積み上げ計測
320 FOR L=1 TO 4
330 IF L=1 THEN X=XP  : Y=YP      : RT=QX
340 IF L=2 THEN X=-XP : Y=YP      : RT=QX
350 IF L=3 THEN X=-XP : Y=-YP     : RT=SQR(QY^2-Y^2)*QX/QY
360 IF L=4 THEN X=XP  : Y=-YP     : RT=SQR(QY^2-Y^2)*QX/QY
370 FQ=(RT+X)/WX
380 FF=FIX(FQ)
390 CP=0
400 IF ABS(FQ-CINT(FQ))<1D-006 AND QK=1 THEN FF=CINT(FQ) : CP=1 : KP2=KP2+1
410 B1=0  : N=0
420 IF L=1 OR L=4 THEN 430 ELSE 440
430 FFX=FIX((SQR(QY^2-Y^2)*QX/QY+X)/WX)
440 FOR J=CP     TO FF
450 AA1=FF-J
460 A1=AA1*WX
470 A2=A1-X
480 VB=(QX^2-A2^2)
490 IF VB<=0 THEN B=Y : GOTO 510
500 B=SQR(VB)*QY/QX+Y
510 IF L=1 AND J=FF OR L=4 AND J=FF THEN B=(QY+Y)
520 BC=B/WY    : B2=FIX(BC)
530 IF L=1 AND J=FF OR L=4 AND J=FF THEN 540 ELSE 600
540  BB1=(SQR(QX^2-(WX-X)^2)*QY/QX+Y)
550  BB2=(SQR(QX^2-X^2)*QY/QX+Y)
560 BD=BB1
570 IF BB1>BB2 THEN BD=BB2
580 BDD=BD/WY  : B1=FIX(BDD)
590 IF ABS(BDD-CINT(BDD))<1D-006 THEN B1=CINT(BDD)
600 KP=0
610 IF ABS(BC-CINT(BC))<1D-006  THEN KP=QK :B2=CINT(BC)-1   : KP1=KP1+1
620 ' - - - - - - X、Y方向のコア列数
630 N=N+1 : PX(N,L)=AA1*SX(L)    : PY(N,L)=B2*SY(L)
640  '
650 NEXT J
660 N(L)=N
```

```
670 NEXT L
680 '
690 ' - - - - 楕円面積み上げの作図
700 CX=300
710 CY=270
720 IF QX>=QY THEN R=QX ELSE R=QY
730 CR=200      : RX=CR/R : CC=RX*(R -1)
740 A=CR/R      : CCY=CY-A*YP: CCX=CX+A*XP: CCR=A*R
750 LINE ( 70,CY)-(560,CY)
760 LINE (CX,30 )-(CX,450)
770 X1=CX+A*XP  : Y1=CY-A*YP
780 CIRCLE (X1,Y1),3,4
790 ' - - - - 楕円面積み上げ計測
800 FOR L=1 TO 4
810 N1=0
820 FOR J=1 TO N(J)
830 FOR I=0 TO PY(J,L) STEP SY(L)
840 X1=CX +A*PX(J,L)*WX : Y1=CY -A*I*WY
850 X2=CX +A*WX*(PX(J,L)+SX(L)): Y2=CY -A*WY*(I+SY(L))
860 LINE(X2,Y2)-(X1,Y1),,B         :'コア作図
870 N1=N1+1
880 NEXT I,J
890 NN(L)=N1
900 NEXT L
910 ' - - - -
920 FOR I=0 TO 2*PA STEP .005       :'楕円作図
930 XA=QX*COS(I)+XP : YA=QY*SIN(I)+YP
940 X1=CX+A*XA   : Y1=CY-A*YA
950 PSET (X1,Y1),3
960 NEXT I
970 LINE (CCX,CCY)-(CCX,CCY-A*R),,,2
980 LINE (CCX,CCY)-(CCX,CCY+A*R),,,2
990 LINE (CCX,CCY)-(CCX+A*R,CCY),,,2
1000 LINE (CCX,CCY)-(CCX-A*R,CCY),,,2
1010  N2=0
1020 FOR I=1 TO 4
1030 N2=N2+NN(I)
1040 NEXT I
1050 NS=PA*QX*QY/(WX*WY)+2*(QX/WX+QY/WY):'離散構造式
1060 DSE=CINT(NS)
1070 KP=KP1+KP2
1080 '
1090 PRINT " ESFP "
1100 PRINT"QX=";QX
1110 PRINT"QY=";QY
1120 PRINT"XP=";XP
1130 PRINT"YP=";YP
1140 PRINT"WX=";WX
1150 PRINT"WY=";WY
1160 PRINT
1170 PRINT"  N=";N2           :'計測コア数
1180 PRINT"DSE=";DSE          :'離散構造式
1190 PRINT" KP=";KP           :'交点数
1200 INPUT;A$
1210 CLS 3
1220 END
```

2.3 アルゴリズム：EHTR
（1/2三角コア楕円周の積み上げ（菱形配列を含む）図）

アルゴリズム：EHTR は，LCS 本図 7.2.3 および図 7.2.4 に示した楕円周への 1/2 三角コア HT の積み上げとその菱形配列のためのアルゴリズムである．ここでは円の場合と同様に判別群法を用いている．しかし，円の場合と異なり楕円の軸径の比が大きくなったり，HT コアの辺長比が大きくなると補正が必要になり，その分を考慮してアルゴリズムも複雑となる．楕円の x 軸径を QX，y 軸径を QY とし，HT コアの x 軸辺長を a，y 軸辺長を b とすると，

$$QX \gg QY \quad \text{または} \quad QX \ll QY \tag{P9}$$

の場合は補正が必要となる．この式(P9) の傾向は，楕円の場合には分岐点 P の位置と連動している．P の傾向は以下のようになり，

$$\frac{QX}{QY} = G \to f\mathcal{L} \quad \Rightarrow \quad P \to x \text{軸} \tag{P10}$$

$$\frac{QY}{QX} = M \to f\mathcal{L} \quad \Rightarrow \quad P \to y \text{軸} \tag{P11}$$

式(P9) のように楕円が偏形すればするほど P は軸に接近するようになる．アルゴリズムでは P が x 軸に接したコア内に入ったときを AAX＝1，P が y 軸に接したコア内に入ったときを AAY＝1 で指定し，そのほかの場合をそれぞれ AAX＝0，AAY＝0 で指定している．また，式(P9) の条件に加えて

$$a \gg b \quad \text{または} \quad a \ll b \tag{P12}$$

の条件の場合があり，この場合の図例を LCS 本図 7.2.8～図 7.2.11 に示してある．したがって，アルゴリズム：EHTR の基本モジュールは円でのアルゴリズム：CHTR と同じであるが，式(P9) および (P12) による補正項が全ステップ数の半分以上となっている．

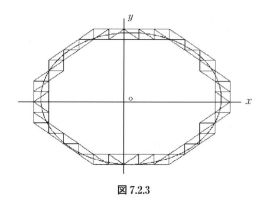

図 7.2.3

<アルゴリズムの解説>

アルゴリズム：EHTR は，(1) 楕円周への HT コアの積み上げ図の作成と (2) 菱形配列図の作成の 2 つのモジュールに分かれている．さらに，(1) では①長方形コアによる楕円周への積み上げ計測，②長方形コアの HT コアへの変換，③ HT コアの楕円周への積み上げと補正，④偏形楕円での再（追加）作図の作成に分かれる．(2) では⑤菱形配列の指定と計算，⑥菱形配列でのAAXとAAYの値による補正，⑦菱形配列の作図に分かれる．各モジュールの行番号は以下のようになる．

(1) 楕円周への HT コアの積み上げ図の作成
  ① 長方形コアによる楕円周への積み上げ計測　　行番号　　450-740, 1610-1950
  ② 長方形コアの HT コアへの変換　　　　　　　行番号　　840-1170
  ③ HT コアの楕円周への積み上げと補正　　　　行番号　　770-810, 1200-1830
      HT コアの楕円周への積み上げ作図　　　　行番号　　1860-2340
  ④ 偏形楕円での再作図の作成　　　　　　　　　行番号　　2010-2070, 2360
(2) 菱形配列図の作成
  ⑤ 菱形配列の指定と計算　　　　　　　　　　　行番号　　2560-3020, 3490-3580
  ⑥ 菱形配列での AAX と AAY の値による補正　　行番号　　2490-2540, 3050-3470
(3) サブルーチン
  ＊SDD 1　内部交点法　　　　　　　　　　　　行番号　　3840-4080
  ＊US 1　x, y 軸に接した最外部のコアのための内部交点法
                                                 行番号　　4100-4250
  判別群データ　　　　　　　　　　　　　　　　行番号　　4280-4540

また，分岐点 P のための演算基本式を行番号 390-430 にまとめてある．①は基本的な長方形コアの楕円周への積み上げであり，HT コア指定で必要な長方形コアの座標値を確定する．②は HT コアの S 値を判別群から確定するためのモジュールである．③は x 軸, y 軸に接したコアに対する積み上げの補正項である．④は x, y 軸で交点となった場合の図作成の補正であり，行番号 2360 でループとなっている．⑤は楕円での菱形配列の作成計算の項であり，m 線，XL 値，XQ 値により，H＝$2X_C$±1 を確定し，菱形配列の斜線を決定する．⑥は分岐点 P が x, y 軸に接したコア内に入ったときの判別と修正項であり，x, y 軸に接したコア内に入ったときはAAX＝1，AAY＝1でラベル化し，それぞれの補正項に分岐する．サブルーチン＊US 1 は③において最外のコアに内部交点法を適用するためのモジュールとなっている．

出力の諸元としては楕円に積み上げられた HT コア数＝N，菱形配列のコア数＝LN，LN の交点数を補正したコア数＝HL，離散構造式によるコア数＝DSE，x, y 軸での交点数＝KP 1，そのほかでの交点数＝KP 2 として与えられている．基本的には HL＝LN－KP 1－KP 2 であり，N＝LN－KP 1－KP 2 であるから，N＝HL となる．

第2章 2次元楕円のアルゴリズム

```
100 ' " EHTR "
110 ' 2 - D Ellipse by M.Samata
120 ' Half Section Triangle Cores piling on Ellipse
130 ' HT cores piling and Rhombus Dispositions
140 SCREEN 3,0,0,1:CONSOLE 0,25,0,1:WIDTH 80,25:CLS 3
150 WIDTH LPRINT 70
160 PA=3.14159265358979#
170 DIM PX(400,4),PY(400,4),N(4),SX(4),SY(4)
180 DIM S(400,4)
190 DIM P(30,5),SS(30),GS(30)
200 CLS 3
210 ' - - - - - -
220 QK=1
230 QX=16.3#          :'楕円X軸径
240 QY=10.2           :'楕円Y軸径
250 XP=.4#            :'ΔX
260 YP=.6#            :'ΔY
270 WX=1.8#           :'HTコアX辺長
280 WY=1.3#           :'HTコアY辺長
290 ' - - - - -
300 READ NC
310 FOR I=1 TO NC
320 READ P(I,1),P(I,2),P(I,3),P(I,4),SS(I),GS(I)
330 NEXT I
340 NN=0 : KP=0 : PM=0 : PU=0 : HNH=0 : N11=0 : STS=0
350 KP1=0 : KP2=0
360 SX(1)=1   :SX(2)=-1 :SX(3)=-1 :SX(4)=1
370 SY(1)=1   :SY(2)= 1 :SY(3)=-1 :SY(4)=-1
380 ' - - - - 分岐点Pの演算式
390 BCD=SQR((WX/QX)^2+(WY/QY)^2)
400 QC1=QX*QY*BCD/WX
410 QC2=(QX*WY)/(QY*BCD)
420 QC3=QY*WX/(QX*BCD)
430 QC4=QX*QY*BCD
440 ' - - - - - - - 長方形コアの楕円周積み上げ計測
450 FOR L=1 TO 4
460 NNG=0
470 IF L=1 THEN X=XP   : Y=YP    : RT=QX
480 IF L=2 THEN X=-XP  : Y=YP    : RT=QX
490 IF L=3 THEN X=-XP  : Y=-YP   : RT=SQR(QY^2-Y^2)*QX/QY
500 IF L=4 THEN X=XP   : Y=-YP   : RT=SQR(QY^2-Y^2)*QX/QY
510 FQ=(RT+X)/WX
520 FF=FIX(FQ)
530 CP=0    : AC=0
540 IF ABS(FQ-CINT(FQ))<1D-006 AND QK=1 THEN CP=1 : FF=CINT(FQ) : KP1=KP1+1
550 B1=0  : N=0
560 FOR J=CP     TO FF
570 AA1=FF-J
580 A1=AA1*WX
590 A2=A1-X
600 VB=(QX^2-A2^2)
610 IF VB<=0 THEN B=Y : GOTO 630
620 B=SQR(VB)*QY/QX+Y
630 IF L=1 AND J=FF OR L=4 AND J=FF THEN B=(QY+Y)
640 BC=B/WY : B2=FIX(BC)
650 IF L=1 AND J=FF OR L=4 AND J=FF THEN 660 ELSE 690
660   BD=(SQR(QX^2-X^2)*QY/QX+Y)  : BDC=BD/WY : BD1=FIX(BDC)
```

2.3 アルゴリズム：EHTR（1/2三角コア楕円周の積み上げ（菱形配列を含む）図）

```
670 IF ABS(BDC-CINT(BDC))<1D-006 THEN BD1=CINT(BD/WY)
680 IF B>B1 AND B1=BD1+1 THEN B1=B1-1
690 KP=0
700 IF ABS(BC-CINT(BC))<1D-006 THEN 720 ELSE 770
710 '
720   KP=QK  : B2=CINT(BC)-1
730 IF AA1=0 THEN KP1=KP1+1 : GOTO 770
740 KP2=KP2+2
750 '
760 ' - - - - Y軸に接したコア補正（B領域）
770 IF L=1 OR L=4 THEN 780 ELSE 840
780 IF J=FF THEN 790 ELSE 840
790 P=SQR(QX^2-XP^2)*QY/QX+Y            :'ｍ１（ｙ）値
800 BB1=B1
810 IF P<B1*WY THEN B1=FIX(P/WY)        :'式（7.2.42）
820 '
830 ' - - - - ＨＴコアのＳ値の計算
840 FOR II=B1 TO B2
850 I=II*WY                : DW=1
860    IF L=1 AND I=0 OR L=2 AND I=0 THEN DW=-1 ELSE DW=1
870 R(1)=(I-Y)*DW      : RY(1)=SQR(QX^2-(A2)^2)*QY/QX
880 IF QX=A2+WX AND YP=0 THEN 910
890    IF QX<=A2+WX THEN 900   ELSE 910
900    RY(2)=-1-WY:RY(3)=0:R(3)=I-Y+WY:R(2)=I-Y*DW:GOTO 930
910 R(2)=(I-Y)*DW      : RY(2)=SQR(QX^2-(A2+WX)^2)*QY/QX
920 R(3)=(I-Y+WY)      : RY(3)=SQR(QX^2-(A2+WX)^2)*QY/QX
930 R(4)=(I-Y+WY)      : RY(4)=SQR(QX^2-(A2)^2)*QY/QX
940 FOR K=1 TO 4
950 U(K)=1
960 IF ABS(RY(K)-R(K))<1D-006 THEN U(K)=0 : GOTO 980
970 IF RY(K)<R(K) THEN U(K)=2
980 NEXT K
990 FOR K=1 TO NC
1000 IF U(1)=P(K,1) AND U(2)=P(K,2) AND U(3)=P(K,3) AND U(4)=P(K,4) THEN 1010 ELSE 1020
1010 S=SS(K) : GS=GS(K) : EXIT FOR
1020 NEXT K
1030 '
1040 IF L=1 AND II=0 OR L=2 AND II=0 THEN 1050 ELSE 1110
1050 IF J=CP THEN 1200
1060 PY1=(QX^2-(A2+WX)^2)
1070 IF PY1<0 THEN 1110
1080 PY=SQR(PY1)*QY/QX
1090   IF YP>PY AND WY-YP>PY THEN S=0
1100   GOTO 1480
1110 IF L=1 AND J=FF OR L=4 AND J=FF THEN 1120 ELSE 1480
1120 IF II=B2 THEN 1330
1130 P=SQR(QX^2-XP^2)*QY/QX+Y  : PU=FIX(P/WY)
1140 IF II=PU  AND PU<BB1 THEN 1480
1150 IF II=BB1 AND PU>BB1 THEN 1480
1160 S=0
1170   GOTO 1480
1180 '
1190 ' - - - - Ｘ軸に接した最外コアの決定
1200 IF ABS(QX-(A2+WX))<1D-006 AND YP=0 THEN 1480
1210 AIA=0
1220 GOSUB *US1
1230 '
```

```
1240 IF D(2)=1 THEN S=2
1250 IF D(1)=1 THEN S=4
1260 IF D(1)=0 AND D(2)=0 THEN 1270 ELSE 1480
1270 IF DX1(1)>=DX2(1) THEN DXD1=DX1(1) ELSE DXD1=DX2(1)
1280 IF DX1(2)<=DX2(2) THEN DXD2=DX1(2) ELSE DXD2=DX2(2)
1290 IF DXD1>A2 AND DXD2<A2+WX THEN S=0
1300 GOTO 1480
1310 '
1320 ' - - - - - Y軸に接した最外コアの決定
1330 IF ABS(QY-(I+WY+Y))<1D-006 AND XP=0 THEN 1480
1340 AIA=I
1350 GOSUB *US1
1360 '
1370 IF D(2)=1 THEN S=2
1380 IF D(1)=1 THEN S=3
1390 IF D(1)=0 AND D(2)=0 THEN 1400 ELSE 1480
1400 IF DX1(1)>=DX2(1) THEN DXD1=DX1(1) ELSE DXD1=DX2(1)
1410 IF DX1(2)<=DX2(2) THEN DXD2=DX1(2) ELSE DXD2=DX2(2)
1420 IF DXD1>0 AND DXD2<WX THEN S=0
1430 ' - - - - -
1440 IF GS=0 THEN 1480
1450 X1=A1 : Y1=I : AH1=A1 : AH2=A1+WX
1460 GOSUB *SDD1
1470 ' - - - - -
1480 N=N+1 : PY(N,L)=I*SY(L)  : PX(N,L)=A1*SX(L)  : S(N,L)=S
1490 NN=NN+1                  : NNG=NNG+1
1500 IF S=0 THEN NN=NN+1      : NNG=NNG+1
1510 '
1520 NEXT II
1530 ' - - - X軸に接したコアの補正（A領域）
1540 B1=B2
1550 IF KP=1 THEN B1=B2+1
1560 IF J=CP THEN 1570 ELSE 1580
1570 IF ABS(1-(A2/QX)^2-(Y/QY)^2)<1D-006 THEN 1590
1580 IF 1<(A2/QX)^2+(Y/QY)^2 THEN B1=0    : '式 (7.2.35)
1590 NEXT J
1600 ' - - - - - - -
1610 X1=QC2     : Y1=QC3
1620 X20=(X1+XP*SX(L))/WX : Y20=(Y1+YP*SY(L))/WY
1630 IF ABS(X20-CINT(X20))<1D-006 AND ABS(Y20-CINT(Y20))<1D-006 THEN 1820
1640 X2=FIX((X1+XP*SX(L))/WX)*WX : Y2=FIX((Y1+YP*SY(L))/WY)*WY
1650 X3=X2+WX : Y3=Y2
1660 X4=X2    : Y4=Y2+WY
1670    XXQ=X3+(Y3)*WX/WY
1680    XXL=(QC4+YP*WX*SY(L))/WY+XP*SX(L)
1690 ' - - - - - - - ＳＬＰコアの検出
1700 YU1=(QX^2-(X2-XP*SX(L))^2)
1710 IF YU1<=0 THEN 1820
1720 YG1=SQR(YU1)*QY/QX+YP*SY(L)
1730 YU2=(QX^2-(X3-XP*SX(L))^2)
1740 IF YU2<=0 THEN 1820
1750 YG2=SQR(YU2)*QY/QX +YP*SY(L)
1760 IF XXL>XXQ THEN 1770  ELSE 1820
1770 IF YG1<Y4  AND YG2<Y3 THEN 1780 ELSE 1820
1780 IF X2=0 OR Y2=0 THEN 1820
1790 ' - - - - - - - ＳＬＰコアの座標値
1800    N=N+1 : PY(N,L)=Y2*SY(L): PX(N,L)=X2*SX(L)  : S(N,L)=1
```

2.3 アルゴリズム：EHTR（1/2三角コア楕円周の積み上げ（菱形配列を含む）図） 61

```
1810     NN=NN+1          : NNG=NNG+1
1820 N(L)=N               : NN(L)=NNG
1830 NEXT L
1840 '
1850 '------ＨＴコアの楕円周への積み上げ作図
1860 CX=300
1870 CY=270
1880 IF QX>=QY THEN R=QX ELSE R=QY
1890 CR=200      : RX=CR/R : CC=RX*(R -1)
1900 A=CR/R*.8# : CCY=CY-A*YP: CCX=CX+A*XP: CCR=A*R
1910    LINE (100,CY)-(520,CY)
1920    LINE (CX,30 )-(CX,400)
1930 X1=CX+A*XP   : Y1=CY-A*YP
1940 CIRCLE (X1,Y1),3,4
1950 C=7
1960 '
1970 '------ 各象限への積み上げ作図
1980 FOR J=1 TO 4
1990 IF C=4 AND AAX=0 AND C=4 AND AAY=0 THEN 2340
2000 '---- X、Y軸で交点を持ったコアの再作図
2010 FOR I=1 TO N(J)
2020 IF C=4 THEN 2030 ELSE 2080
2030 IF AAY=1 THEN 2040 ELSE 2050
2040 IF J=1 AND PX(I,J)=0 OR J=4 AND PX(I,J)=0 THEN 2070 ELSE 2330
2050 IF AAX=1 THEN 2060 ELSE 2080
2060 IF J=1 AND PY(I,J)=0 OR J=2 AND PY(I,J)=0 THEN 2070 ELSE 2330
2070 IF S(I,J)=0 THEN N11=N11+2 ELSE N11=N11+1
2080 X1=CX +A*PX(I,J) : Y1=CY -A*PY(I,J)
2090 X2=CX +A*(PX(I,J)+WX*SX(J)): Y2=CY -A*(PY(I,J)+WY*SY(J))
2100 '----
2110 IF S(I,J)=1 THEN 2220
2120 IF S(I,J)=2 THEN 2180
2130 IF S(I,J)=3 THEN 2260
2140 IF S(I,J)=4 THEN 2300
2150 LINE(X2,Y2)-(X1,Y1),C,B
2160 LINE(X2,Y1)-(X1,Y2),C   : GOTO 2330
2170 '
2180 LINE (X1,Y1)-(X2,Y1),C
2190 LINE (X1,Y2)-(X2,Y1),C
2200 LINE (X1,Y2)-(X1,Y1),C: GOTO 2330
2210 '
2220 LINE (X2,Y1)-(X2,Y2),C
2230 LINE (X2,Y2)-(X1,Y2),C
2240 LINE (X1,Y2)-(X2,Y1),C: GOTO 2330
2250 '
2260 LINE (X1,Y1)-(X2,Y1),C
2270 LINE (X2,Y2)-(X2,Y1),C
2280 LINE (X2,Y2)-(X1,Y1),C: GOTO 2330
2290 '
2300 LINE (X1,Y1)-(X2,Y2),C
2310 LINE (X2,Y2)-(X1,Y2),C
2320 LINE (X1,Y2)-(X1,Y1),C
2330 NEXT I
2340 NEXT J
2350 '---- 再作図からのループの抜け出し
2360 IF C=4 THEN 3640
2370 '
2380 FOR I=0 TO 2*PA STEP .005      :'楕円の作図
```

```
2390 XA=QX*COS(I)+XP  :  YA=QY*SIN(I)+YP
2400 X11=CX+A*XA   :  Y11=CY-A*YA
2410 PSET (X11,Y11),3
2420 NEXT I
2430 '
2440 '     INPUT B$
2450 '
2460 '－－－－Ｘ、Ｙ軸に接したコア中に分岐点Ｐ
2470 '－－－－が入った場合の判別
2480 '－－－－ＡＡＸ＝１及びＡＡＹ＝１
2490 FOR I=1 TO 4
2500 AX(I)=QC2+XP*SX(I)  :  AY(I)=QC3+YP*SY(I)
2510 NEXT I
2520 AAX=0  :  AAY=0
2530 IF AX(1)<WX OR AX(4)<0 THEN AAY=1
2540 IF AY(1)<WY OR AY(2)<0 THEN AAX=1
2550 '－－－－菱形配列の計算と作図
2560 FOR L=1 TO 4
2570 CCX=CX+XP*A  :  CCY=CY-YP*A
2580 CXV=CCX+A*WY*SX(L)*QX^2  :  CYV=CCY-A*WX*SY(L)*QY^2
2590 '
2600 XD=XP*SX(L)  :  YD=YP*SY(L)
2610 AY=QC3+YD
2620 AS1=WY/WX
2630 AS2=QC4/WX
2640 X1=AX(L)       :  Y1=AY(L)
2650 X2=AX-QX/3     :  Y2=-AS1*X2+AS2+AS1*XD+YD
2660 X3=AX+QX/3     :  Y3=-AS1*X3+AS2+AS1*XD+YD
2670 XX1=CX+X1*A*SX(L)   :  YY1=CY-Y1*A*SY(L)
2680 XX2=CX+X2*A*SX(L)   :  YY2=CY-Y2*A*SY(L)
2690 XX3=CX+X3*A*SX(L)   :  YY3=CY-Y3*A*SY(L)
2700  CIRCLE (XX1,YY1),3   : '分岐点Ｐ 式 (7.2.18) (7.2.19)
2710 LINE (XX3,YY3)-(XX2,YY2),6   : 'ｍ線 式 (7.2.17)
2720 '
2730 '－－－菱形配列の指定
2740 XXL=QC4/WY+YD*WX/WY+XD         : 'ＸＬ値 式 (7.2.20)
2750 LCC=XXL/WX
2760 XC1=FIX(LCC)
2770 X1=QC2      :  Y1=QC3
2780 X20=(X1+XD)/WX    :  Y20=(Y1+YD)/WY
2790 X2=FIX(X20)*WX  :  Y2=FIX(Y20)*WY
2800 IF ABS(X20-CINT(X20))<1D-006 AND ABS(Y20-CINT(Y20))<1D-006 THEN X2=CINT(X20)*WX-WX
2810 X3=X2+WX :  Y3=Y2
2820 X4=X2:  Y4=Y2+WY
2830 XXQ=X3+Y3*WX/WY                : 'ＸＱ値 式 (7.2.23)
2840  IF    (QX-(X3-XD))<1D-006 THEN RW1=0  :  GOTO 2860
2850 RR1=(Y3-YD)      :  RW1=SQR(QX^2-(X3-XD)^2)*QY/QX  : '式 (7.2.24)
2860 RR2=(Y4-YD)      :  RW2=SQR(QX^2-(X4-XD)^2)*QY/QX  : '式 (7.2.25)
2870 DS=0
2880 '－－－菱形配列の傾斜線とＨ＝２Ｘc±１の決定
2890 IF XXL>XXQ THEN 2900 ELSE 2930
2900 IF ABS(RR1-RW1)<1D-006 AND ABS(RR2-RW2)<1D-006 THEN 2990
2910 IF RR1>=RW1 AND RR2>=RW2 THEN 2920 ELSE 2930
2920 XC1=XC1-1  :  DS=1  :  GOTO 2990
2930 IF ABS(LCC-CINT(LCC))<1D-006 THEN XC1=CINT(LCC)-1  :  DS=1
2940 IF ABS(XXL-XXQ)<1D-006 THEN 2950 ELSE 2990
2950 XC1=CINT(LCC)-1
```

```
2960 IF ABS(X20-CINT(X20))<1D-006 AND ABS(Y20-CINT(Y20))<1D-006 THEN D
S=0 ELSE DS=1
2970 '---  菱形配列の作図
2980 '---  ＡＡＸ＝０、ＡＡＹ＝０の場合
2990 XM1=XC1*WX : XM2=XM1+WX
3000 LY=QC4/WX+XD*WY/WX+YD
3010 YM1=FIX(LY/WY)*WY-DS*WY : YM2=YM1+WY
3020 CV=0 : CSC=XC1 : CY5=CY : CX5=CX
3030 '
3040 '---  ＡＡＸ＝１又はＡＡＹ＝１の場合
3050 H1=SQR(QY^2-YP^2)*QX/QY+XD    : HX1=FIX(H1/WX)
3060 H2=SQR(QY^2-(WY-YP)^2)*QX/QY+XD  : HX2=FIX(H2/WX)+1
3070 H1=SQR(QX^2-XP^2)*QY/QX+YD    : HY1=FIX(H1/WY)
3080 H2=SQR(QX^2-(WX-XP)^2)*QY/QX+YD  : HY2=FIX(H2/WY)+1
3090 ON L GOTO 3100,3110,3120,3130
3100 LX(1)=HX2 : LY(1)=HY2 : GOTO 3150
3110 LX(2)=HX2 : LY(2)=HY1 : GOTO 3150
3120 LX(3)=HX1 : LY(3)=HY1 : GOTO 3150
3130 LX(4)=HX1 : LY(4)=HY2
3140 '---   ＡＡＸ＝１での計算
3150 IF AAX=1 THEN 3160 ELSE 3290
3160 IF ABS(QY+YP-WY)<1D-006 THEN 3170 ELSE 3180
3170 IF L=1 OR L=2 THEN 3580
3180 XM1=LX(L)*WX : XM2=XM1+WX : QQG=XC1-LX(L)
3190 YM3=YM1-QQG*WY : YM4=YM3+WY
3200 CY5=CY : CX5=CX : CSC=LX(L) : CV=0
3210 IF L=1 OR L=2 THEN 3220 ELSE 3230
3220    XM1=XM1-WX : XM2=XM2-WX : CY5=CY-WY*A : CSC=LX(L)-1
3230 XX1=CX+XM1*A*SX(L)   : YY1=CY-YM3*A*SY(L)
3240 XX2=CX+XM2*A*SX(L)   : YY2=CY-YM4*A*SY(L)
3250 N11=N11+2*(CSC-CV)+1
3260  GOTO 3490
3270 '
3280 '---  ＡＡＹ＝１での計算
3290 IF AAY=1 THEN 3310 ELSE 3440
3300 '
3310 IF ABS(QX+XP-WX)<1D-006 THEN 3320 ELSE 3340
3320 IF L=1 OR L=4 THEN 3580
3330 '
3340 YM3=LY(L)*WY : YM4=YM3+WY : YMM=FIX(LY/WY)-DS : QQW=YMM-LY(L)
3350 XM3=XM1-QQW*WX : XM4=XM3+WX
3360 CY5=CY : CX5=CX : YM5=YM3 : YM6=YM4 : CV=0 : CSC=LY(L)
3370 IF L=1 OR L=4 THEN YM5=YM3-WY : YM6=YM4-WY : CX5=CX+WX*A : CV=1
3380 XX1=CX+XM3*A*SX(L)   : YY1=CY-YM5*A*SY(L)
3390 XX2=CX+XM4*A*SX(L)   : YY2=CY-YM6*A*SY(L)
3400 N11=N11+2*(CSC-CV)+1
3410 GOTO 3490
3420 '
3430 '---  ＡＡＸ＝０、ＡＡＹ＝０での計算
3440 XX1=CX+XM1*A*SX(L)   : YY1=CY-YM1*A*SY(L)
3450 XX2=CX+XM2*A*SX(L)   : YY2=CY-YM2*A*SY(L)
3460 YM4=YM2
3470 N11=N11+2*(CSC-CV)+1
3480 '---  菱形の作図
3490 LINE (XX1,CY5)-(CX5,YY1),4
3500 LINE (XX2,CY5)-(CX5,YY2),4
3510 FOR I=CV TO CSC
3520 M1=I*WX : M2=I*WY
```

```
3530 XX1=CX+M1*A*SX(L)   : XX2=CX+(M1+WX)*A*SX(L)
3540 YY1=CY-(YM4-M2)*A*SY(L) : YY2=CY-(YM4-M2-WY)*A*SY(L)
3550 LINE  (XX1, YY2)-(XX2, YY2),4
3560 LINE  (XX1, YY1)-(XX1, YY2),4
3570 NEXT I
3580 NEXT L
3590 '
3600 ' - - - 再作図へのループ
3610    C=4
3620    GOTO 1980
3630 '
3640 HL=N11-KP1-KP2
3650 NS=8*SQR((QX/WX)^2+(QY/WY)^2)  : '離散構造式
3660 DSE=CINT(NS)
3670 PRINT " EHTR "
3680 PRINT"QX=";QX
3690 PRINT"QY=";QY
3700 PRINT"XP=";XP
3710 PRINT"YP=";YP
3720 PRINT"WX=";WX
3730 PRINT"WY=";WY
3740 PRINT" N=";NN            : '楕円周へのＨＴコア積み上げ個数
3750 PRINT"LN=";N11           : '菱形配列コア数
3760 PRINT"HL=";HL            : '交点補正した菱形配列コア数
3770 PRINT"DSE=";DSE          : '離散構造式
3780 PRINT"KP1=";KP1          : 'Ｘ、Ｙ軸での交点数
3790 PRINT"KP2=";KP2          : 'Ｘ、Ｙ軸を除く交点数
3800 INPUT;A$
3810 CLS 3
3820 END
3830 '
3840 *SDD1
3850 ' - - - - - 内部交点法のサブルーチン
3860 FOR HH=1 TO 2
3870 IF HH=1 THEN 3880 ELSE 3890
3880 E0=-WY*X1/WX+Y1-Y : HM=1 : GOTO 3900
3890 E0=WY*X1/WX+Y1+WY-Y : HM=-1
3900 D1=(WY*HM*E0*QX^2)/WX-X*QY^2
3910 D2=QY^2+(WY*QX/WX)^2
3920 D3=(X*QY)^2+(QX*E0*HM)^2-(QX*QY)^2
3930 DD1=D1^2-D2*D3
3940 D(HH)=1
3950 IF DD1>=0 THEN 3960 ELSE 3980
3960 DX1(HH)=(-D1+SQR(DD1))/D2
3970 DX2(HH)=(-D1-SQR(DD1))/D2 : D(HH)=0
3980 NEXT HH
3990 IF D(1)=0 AND D(2)=0 THEN 4000 ELSE 4080
4000 FOR HH=1 TO 2
4010 DM(HH)=0
4020 IF ABS(DX1(HH)-AH1)<1D-006 OR ABS(DX1(HH)-AH2)<1D-006 THEN 4040
4030 IF DX1(HH)>AH1 AND DX1(HH)<AH2 THEN DM(HH)=1
4040 IF ABS(DX2(HH)-AH1)<1D-006 OR ABS(DX2(HH)-AH2)<1D-006 THEN 4060
4050 IF DX2(HH)>AH1 AND DX2(HH)<AH2 THEN DM(HH)=1
4060 NEXT HH
4070 IF DM(1)=1 AND DM(2)=1 THEN   S=0
4080 RETURN
4090 '
4100 *US1
```

```
4110 ' - - - - X、Y軸に接した最外コア決定の
4120 ' - - - - ための内部交点法によるサブルーチン
4130 FOR HH=1 TO 2
4140 IF HH=1 THEN E0=I-WY*A2/WX-YP*SY(L) ELSE E0=AIA+(A2+WX)*WY/WX-YP*SY(L)
4150 D1=2*E0*WY*(QX^2)/WX
4160 D2=QY^2+(QX*WY/WX)^2
4170 D3=(QX*E0)^2-(QX*QY)^2
4180 DD1=D1^2-4*D2*D3
4190 D(HH)=1
4200 IF DD1>=0 THEN 4210 ELSE 4240
4210 IF HH=1 THEN HU=1 ELSE HU=-1
4220 DX1(HH)=HU*(-D1+SQR(DD1))/(2*D2)
4230 DX2(HH)=HU*(-D1-SQR(DD1))/(2*D2) : D(HH)=0
4240 NEXT HH
4250 RETURN
4260 '
4270 '
4280 DATA 25
4290 ' 判別群データ
4300 DATA 1,2,2,1,0,0
4310 DATA 1,1,2,2,0,0
4320 DATA 1,1,2,1,1,0
4330 DATA 1,1,2,0,1,0
4340 DATA 1,0,2,1,1,0
4350 DATA 1,0,2,0,1,0
4360 DATA 1,2,2,2,2,1
4370 DATA 1,2,2,0,2,1
4380 DATA 1,0,2,2,2,1
4390 DATA 2,1,2,2,3,1
4400 DATA 0,1,2,2,3,1
4410 DATA 1,1,1,2,4,0
4420 DATA 0,0,2,2,2,1
4430 DATA 2,2,2,1,4,1
4440 DATA 0,2,2,1,4,1
4450 DATA 1,2,1,1,3,0
4460 DATA 0,2,2,0,2,1
4470 DATA 2,2,2,2,2,1
4480 DATA 0,2,2,2,3,1
4490 DATA 2,2,2,0,4,1
4500 DATA 1,2,0,1,3,0
4510 DATA 1,1,0,2,4,0
4520 DATA 2,0,2,2,3,1
4530 DATA 2,1,1,2,0,0
4540 DATA 2,2,1,1,0,0
```

2.4 アルゴリズム：EQTR（1/4三角コア楕円周の積み上げ図）

アルゴリズム：EQTR は，楕円周への 1/4 三角コア QT の積み上げアルゴリズムであり，内部交点法を採用している．結果の一例を LCS 本図 8.1.1 に示した．各モジュールは円でのアルゴリズム：CQTR と同じであり，違いは円での演算式が楕円での演算式に変わるだけである．

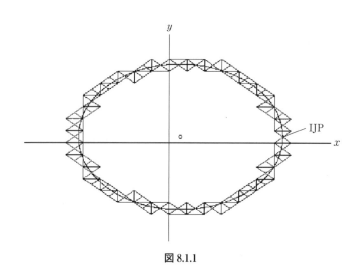

図 8.1.1

<アルゴリズムの解説>

楕円周への長方形コアの積み上げ	行番号	330-660, 850-910
QT コアの指定	行番号	640-840
QT コアの作図	行番号	940-1350
対角線 α, β の根計算のサブルーチン		
* SDD 1	行番号	1540-1830
長方形コアの 4 つの根計算のサブルーチン		
* SL 1	行番号	1850-2130
整数交点 IJP の補正サブルーチン		
* SS 1	行番号	2150-2410

* SDD 1，* SL 1 および * SS 1 の 3 つのサブルーチンは円のアルゴリズム：CQTR と基本的には同じであるが，* SDD 1 では行番号 1580-1620，* SL 1 では行番号 1920-1980 は楕円の演算式となっている．また，出力として QT コアの計測個数を NN＝で示し，QT コアの離散構造式による計算結果を DSE＝で示す．

2.4 アルゴリズム：EQTR（1/4 三角コア楕円周の積み上げ図）

```
100 ' " EQTR "
110 ' Quadric Section Triangle Cores piling on Ellipse
120 ' Inner Cross Point Method   by M.Samata
130 SCREEN 3,0,0,1:CONSOLE 0,25,0,1:WIDTH 80,25:CLS 3
140 WIDTH LPRINT 70
150 PA=3.14159265358979#
160 DIM PX(100,4),PY(100,4),N(4),SX(4),SY(4)
170 DIM S(100,4,4),R(5),U(4),G(5)
180 CLS 3
190 ' - - - - -
200 QK=1
210 ' - - - - -
220 QX=10.1                 :'Ｘ軸径
230 QY=7.3#                 :'Ｙ軸径
240 XP=.7#
250 YP=.1#
260 WX=1.8#
270 WY=1.2#
280 ' - - - - -
290 ' - - - - - 楕円周への長方形コアの積み上げ計測
300   PM=0 : PU=0
310 SX(1)=1  :SX(2)=-1 :SX(3)=-1 :SX(4)=1
320 SY(1)=1  :SY(2)=1  :SY(3)=-1 :SY(4)=-1
330 FOR L=1 TO 4
340 IF L=1 THEN X=XP  : Y=YP    : RT=QX
350 IF L=2 THEN X=-XP : Y=YP    : RT=QX
360 IF L=3 THEN X=-XP : Y=-YP   : RT=SQR(QY^2-Y^2)*QX/QY
370 IF L=4 THEN X=XP  : Y=-YP   : RT=SQR(QY^2-Y^2)*QX/QY
380 FQ=(RT+X)/WX
390 FF=FIX(FQ)
400 CP=0   : AC=0
410 IF ABS(FQ-CINT(FQ))<1D-006 AND QK=1 THEN CP=1 : FF=CINT(FQ)
420 B1=0   : N=0
430 IF L=1 OR L=2 THEN 440 ELSE 450
440 FFX=FIX((SQR(QY^2-Y^2)*QX/QY+X)/WX)
450 FOR J=CP     TO FF
460 AA1=FF-J
470 A1=AA1*WX
480 A2=A1-X
490 VB=(QX^2-A2^2)
500 IF VB<=0 THEN B=Y : GOTO 520
510 B=SQR(VB)*QY/QX+Y
520 IF L=1 AND J=FF OR L=4 AND J=FF THEN B=(QY+Y)
530 BC=B/WY : B2=FIX(BC)
540 IF L=1 AND J=FF OR L=4 AND J=FF THEN 550 ELSE 610
550   BB1=SQR(QX^2-(WX-X)^2)*QY/QX+Y
560   BB2=SQR(QX^2-(X)^2)*QY/QX+Y
570 BD=BB1
580 IF BB1>BB2 THEN BD=BB2
590 BDD=BD/WY : B1=FIX(BDD)
600 IF ABS(BDD-CINT(BDD))<1D-006 THEN B1=CINT(BDD)
610 KP=0
620 IF ABS(BC-CINT(BC))<1D-006 THEN 630 ELSE 640
630 KP=QK   : B2=CINT(BC)-1
640 FOR II=B1 TO B2
650 N=N+1
660 I=II*WY
670 ' - - - - ＱＴコアの指定
```

```
680 FOR HH=1 TO 4 : U(HH)=0 : NEXT HH
690 FOR HH=1 TO 5 : G(HH)=0 : NEXT HH
700 ' - - - - 交点座標値
710 X1=A1 : Y1=I : AH1=A1 : AH2=A1+WX : AH3=A1+WX/2
720 GOSUB *SDD1
730 GOSUB *SL1
740 PU=0
750 FOR HH=1 TO 4
760 IF G(HH)=1 THEN PU=PU+1
770 NEXT HH
780 IF G(5)=0 AND PU=0 THEN 810        : '交点への分岐
790 GOSUB *SS1
800 ' - - - -
810 FOR HH=1 TO 4 : S(N,L,HH)=U(HH) : NEXT HH
820  PY(N,L)=I*SY(L)   : PX(N,L)=A1*SX(L)
830 '
840 NEXT II
850 B1=B2
860 IF KP=1 THEN B1=B2+1
870 IF L=1 OR L=2 THEN 880 ELSE 890
880 IF AA1>FFX THEN B1=0
890 NEXT J
900 N(L)=N
910 NEXT L
920 '
930 ' - - - - 楕円周へのＱＴコアの作図
940 CX=300
950 CY=270       : NN=0
960 IF QX>=QY THEN R=QX ELSE R=QY
970 CR=140      : RX=CR/R : CC=RX*(R -1)
980 A=CR/R      : CCY=CY-A*YP: CCX=CX+A*XP: CCR=A*R
990 LINE (100,CY)-(520,CY)
1000 LINE (CX,70 )-(CX,430)
1010 X1=CX+A*XP : Y1=CY-A*YP
1020 CIRCLE (X1,Y1),3,4
1030 FOR L=1 TO 4
1040 FOR I=1 TO N(L)
1050 X1=CX +A*PX(I,L) : Y1=CY -A*PY(I,L)
1060 X2=CX +A*(PX(I,L)+WX*SX(L)): Y2=CY -A*(PY(I,L)+WY*SY(L))
1070 X3=CX +A*(PX(I,L)+WX*SX(L)/2): Y3=CY -A*(PY(I,L)+WY*SY(L)/2)
1080 ' - - - - Ｓ値による指定
1090 FOR J=1 TO 4
1100 IF S(I,L,J)=0 THEN 1290
1110 ON J GOTO 1130,1170,1210,1250
1120 '
1130 LINE (X1,Y1)-(X2,Y1)
1140 LINE (X2,Y1)-(X3,Y3)
1150 LINE (X3,Y3)-(X1,Y1)    : GOTO 1280
1160 '
1170 LINE (X2,Y1)-(X2,Y2)
1180 LINE (X2,Y2)-(X3,Y3)
1190 LINE (X3,Y3)-(X2,Y1)    : GOTO 1280
1200 '
1210 LINE (X3,Y3)-(X2,Y2)
1220 LINE (X2,Y2)-(X1,Y2)
1230 LINE (X1,Y2)-(X3,Y3)    : GOTO 1280
1240 '
1250 LINE (X1,Y1)-(X3,Y3)
```

2.4 アルゴリズム：EQTR（1/4三角コア楕円周の積み上げ図） 69

```
1260 LINE (X3,Y3)-(X1,Y2)
1270 LINE (X1,Y2)-(X1,Y1)
1280 NN=NN+1
1290 NEXT J
1300 NEXT I,L
1310 FOR I=0 TO 2*PA STEP .005            :'楕円作図
1320 XA=QX*COS(I)+XP : YA=QY*SIN(I)+YP
1330 X11=CX+A*XA  : Y11=CY-A*YA
1340 PSET (X11,Y11),3
1350 NEXT I
1360 '－－－離散構造式
1370 NS=4*(QX/WX+QY/WY)+8*SQR((QX/WX)^2+(QY/WY)^2)
1380 DSE=CINT(NS)
1390 '
1400 PRINT " EQTR "
1410 PRINT"QX=";QX
1420 PRINT"QY=";QY
1430 PRINT"XP=";XP
1440 PRINT"YP=";YP
1450 PRINT"WX=";WX
1460 PRINT"WY=";WY
1470 PRINT"NN=";NN               :'計測コア数
1480 PRINT"DSE=";DSE              :'離散構造式
1490 INPUT;A$
1500 CLS 3
1510 END
1520 '
1530 '
1540 *SDD1
1550 '－－－－α、β線の根の計算サブルーチン
1560 FOR HH=1 TO 2
1570 IF HH=1 THEN 1580 ELSE 1590
1580 EO=-WY*X1/WX+Y1-Y    : HM=1 : GOTO 1600  :'式(8.1.1)
1590 EO=WY*X1/WX+Y1+WY-Y : HM=-1              :'式(8.1.2)
1600 D1=(WY*HM*EO*QX^2)/WX-X*QY^2             :'式(4.1.4)
1610 D2=QY^2+(WY*QX/WX)^2                     :'式(4.1.4)
1620 D3=(X*QY)^2+(QX*EO*HM)^2-(QX*QY)^2       :'式(4.1.4)
1630 DD1=D1^2-D2*D3        :'式(4.1.12)
1640 D(HH)=1
1650 IF DD1>=0 THEN 1660 ELSE 1680
1660 DX1(HH)=(-D1+SQR(DD1))/D2              :'式(4.1.11)
1670 DX2(HH)=(-D1-SQR(DD1))/D2 : D(HH)=0
1680 NEXT HH
1690 '－－－－
1700 '－－－－式(4.1.14) (4.1.15) (4.1.16)
1710 IF D(1)=0 AND AH1<DX1(1) AND DX1(1)<AH3 THEN U(1)=1 : U(4)=1
1720 IF D(1)=0 AND AH1<DX2(1) AND DX2(1)<AH3 THEN U(1)=1 : U(4)=1
1730 IF D(1)=0 AND AH3<DX1(1) AND DX1(1)<AH2 THEN U(2)=1 : U(3)=1
1740 IF D(1)=0 AND AH3<DX2(1) AND DX2(1)<AH2 THEN U(2)=1 : U(3)=1
1750 '
1760 IF D(2)=0 AND AH1<DX1(2) AND DX1(2)<AH3 THEN U(3)=1 : U(4)=1
1770 IF D(2)=0 AND AH1<DX2(2) AND DX2(2)<AH3 THEN U(3)=1 : U(4)=1
1780 IF D(2)=0 AND AH3<DX1(2) AND DX1(2)<AH2 THEN U(1)=1 : U(2)=1
1790 IF D(2)=0 AND AH3<DX2(2) AND DX2(2)<AH2 THEN U(1)=1 : U(2)=1
1800 '
1810 IF D(1)=0 AND ABS(DX1(1)-AH3)<1D-006 THEN G(5)=1
1820 IF D(1)=0 AND ABS(DX2(1)-AH3)<1D-006 THEN G(5)=1
1830 RETURN
```

```
1840 '
1850 *SL1
1860 '－－－－長方形コアの４つの辺の根のサブルーチン
1870 '－－－－式 (4.1.22) (4.1.23) (4.1.25) (4.1.26)
1880 DXY(1)=Y1 : DXY(2)=X1+WX : DXY(3)=Y1+WY : DXY(4)=X1
1890 FOR HH=1 TO 4
1900 IF HH=2 OR HH=4 THEN 1960
1910 '－－－－ 式 (8.1.6)
1920 D1(HH)=-QY^2*X
1930 D2(HH)=QY^2
1940 D3(HH)=(QY*X)^2+(QX*(DXY(HH)-Y))^2-(QX*QY)^2 : GOTO 1990
1950 '－－－－ 式 (8.1.7)
1960 D1(HH)=-QX^2*Y
1970 D2(HH)=QX^2
1980 D3(HH)=(QX*Y)^2+(QY*(DXY(HH)-X))^2-(QX*QY)^2
1990 NEXT HH
2000 L1(1)=X1 : L1(3)=X1 : L1(4)=Y1 : L1(2)=Y1
2010 L2(1)=X1+WX : L2(3)=X1+WX : L2(4)=Y1+WY : L2(2)=Y1+WY
2020 FOR HH=1 TO 4
2030 DD1=D1(HH)^2-D2(HH)*D3(HH)
2040 IF DD1>=0 THEN 2050 ELSE 2120
2050 GD(1)=(-D1(HH)+SQR(DD1))/D2(HH)
2060 GD(2)=(-D1(HH)-SQR(DD1))/D2(HH)
2070 FOR MM=1 TO 2
2080 IF L1(HH)<GD(MM) AND GD(MM)<L2(HH) THEN U(HH)=1
2090 IF HH<=2 THEN AHH=L1(HH) ELSE AHH=L2(HH)
2100 IF  ABS(GD(MM)-AHH)<1D-006 THEN G(HH)=1
2110 NEXT MM
2120 NEXT HH
2130 RETURN
2140 '
2150 *SS1
2160 '－－－－ＩＪＰの補正サブルーチン
2170 '－－－－式 (4.1.29) (4.1.30) (4.1.31)
2180 IF G(5)=1 THEN 2190 ELSE 2360
2190 IF PU=1 THEN 2200 ELSE 2290
2200 IF G(1)=1 AND U(3)=1 THEN U(1)=1
2210 IF G(1)=1 AND U(2)=1 THEN U(4)=1
2220 IF G(2)=1 AND U(3)=1 THEN U(1)=1
2230 IF G(2)=1 AND U(4)=1 THEN U(2)=1
2240 IF G(3)=1 AND U(1)=1 THEN U(3)=1
2250 IF G(3)=1 AND U(4)=1 THEN U(2)=1
2260 IF G(4)=1 AND U(1)=1 THEN U(3)=1
2270 IF G(4)=1 AND U(2)=1 THEN U(4)=1
2280 GOTO 2410
2290 IF PU=2 THEN 2300 ELSE 2410
2300 IF G(1)=1 AND G(2)=1 THEN U(2)=1 : U(4)=1
2310 IF G(2)=1 AND G(3)=1 THEN U(1)=1 : U(3)=1
2320 IF G(3)=1 AND G(4)=1 THEN U(2)=1 : U(4)=1
2330 IF G(1)=1 AND G(4)=1 THEN U(1)=1 : U(3)=1
2340 GOTO 2410
2350 '
2360 IF PU=2 THEN 2370 ELSE 2410
2370 IF G(1)=1 AND G(2)=1 THEN U(1)=1
2380 IF G(2)=1 AND G(3)=1 THEN U(2)=1
2390 IF G(3)=1 AND G(4)=1 THEN U(3)=1
2400 IF G(1)=1 AND G(4)=1 THEN U(4)=1
2410 RETURN
```

第 3 章

格子と円のアルゴリズム

3.1 アルゴリズム：MIG 1（円内の反転群の図）

マンダ（I）の構造は円周へ積み上げられた長方形コアの MU 変換より得られるが，コアを単位正方形（1×1）USC としてとったとき，その角点は格子となる．そこで USC の 4 つの角点のうち，原点に最も近い角点を格子点 L とすれば，円の内側の L の集合 {L} は円内の格子点である．この {L} に MU 変換を施した群 {MIG} は L を通る円の半径方向の距離を反転させるから，{MIG} を反転群とよぶ．アルゴリズム：MIG 1 はこの {MIG} の作成アルゴリズムであり，$\Delta x = \Delta y = 0$ での一例を LCS 本図 9.6.3 に示した．したがって，{MIG} はマンダ構造の拡張となっている．$\Delta x = \Delta y = 0$ の場合は，マンダ構造と同様に $\pi/2$ の回転対称となっている．

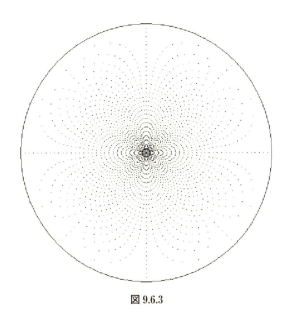

図 9.6.3

<アルゴリズムの解説>

アルゴリズム：MIG 1 の Δx, Δy は $0 \leq \Delta x, \Delta y < 1$ であるが，デフォルト値は $\Delta x = \Delta y = 0$ である．アルゴリズムは

  円面への USC の積み上げ　　　行番号　　　340–470
  格子と反転群の計算と作図　　　行番号　　　480–690

である．行番号 250 の画面拡大率 SBS は LCS 本図 9.6.3 の場合は SBS=1 であるが，図 9.6.5 のように中心部を拡大する場合（半径 $r=100 \sim 200$ 程度）は SBS=2〜3 とする．

```
100 ' " MIG1 "
110 'Graph of Metric Inversion Groups of Lattice
120 '  XP=YP=0      by M.Samata
130 SCREEN 3,0,0,1:CONSOLE 0,25,0,1:WIDTH 80,25:CLS 3
140 WIDTH LPRINT 70
150 PA=3.14159265358979#
160 CLS 3
170 DIM F(5)
180 QK=1
190 ' - - - - - -
200 R=30.4                        :'円の半径
210 ' - - - - - -
220 XP=0                          :'ΔX固定値
230 YP=0                          :'ΔY固定値
240 ' - - - - - -
250 SBS=1                         :'画面拡大率
260 ' - - - - - -
270 BX=350 : BY=240 : AP=SBS*200/R
280 ' - - - - - -
290 WC=0 : NT=0  : NH=0  : CPP=0
300 SX(1)=1  :SX(2)=-1 :SX(3)=-1 :SX(4)= 1
310 SY(1)=1  :SY(2)= 1 :SY(3)=-1 :SY(4)=-1
320 CIRCLE (BX,BY),R*AP,3         :'半径rの円
330 ' - - - - - - 円面への単位正方形の積み上げ
340 FOR L=1 TO 4
350 X=XP*SX(L) : Y=YP*SY(L)
360 IF L=1 OR L=2 THEN RT=R ELSE RT=SQR(R^2-Y^2)
370 FF=FIX(RT+X)*SX(L)
380 IF (RT+X)*SX(L)=FF  AND QK=1 THEN FF=FF-SX(L)
390 FOR J=0     TO FF   STEP SX(L)
400 IF L=1 AND J=0 OR L=4 AND J=0 THEN B=(R+Y)*SY(L) : GOTO 440
410 S1=(R^2-(J-XP)^2)
420 IF S1<=0 THEN B=Y*SY(L) : GOTO 440
430 B=(SQR(S1)+Y)*SY(L)
440 B2=FIX(B)
450 IF ABS(B-CINT(B))<1D-006 THEN 460 ELSE 470
460 IF QK=1   THEN B2=CINT(B)-SY(L) ELSE B2=CINT(B)
470 PXX=J : PYY=B2
480 FOR Q=PYY TO 0 STEP -SY(L)
490 ' - - - - 円の外になる格子点の検出（ＣＰＰ）
500 IF J=FF AND Q=0 THEN 510 ELSE 520
510 IF   FF*SX(L)>SQR(R^2-Y^2)+X THEN 620
520 IF J=0 AND Q=PYY THEN 530 ELSE 550
530 IF PYY*SY(L)>SQR(R^2-X^2)+Y THEN 620
540 ' - - - - 反転群の計算、式（9.6.11）
550 XC=(PXX-XP)*SX(L) : YC=(Q-YP)*SY(L)
560 YB=(XC^2+YC^2)
570 IF YB<=0 THEN 670
580 YX=SQR(YB)
590 XS=XC*(R/YX-1)
600 YS=YC*(R/YX-1)
610 ' - - - - 各象限への分岐
620 IF L=1 THEN XU=BX+XS*AP    : YU=BY-YS*AP
630 IF L=2 THEN XU=BX-XS*AP    : YU=BY-YS*AP
640 IF L=3 THEN XU=BX-XS*AP    : YU=BY+YS*AP
650 IF L=4 THEN XU=BX+XS*AP    : YU=BY+YS*AP
660 PSET (XU,YU)               :'反転群のドット
670 NEXT Q
```

```
680 NEXT J
690 NEXT L
700 PRINT " MIG1 "
710 PRINT " R=";R
720 PRINT "XP=";XP
730 PRINT "YP=";YP
740 INPUT A$ : CLS 3 : END
```

3.2 アルゴリズム：LMIG（格子円と反転円の図）

格子点 {L} を格子の境界へ拡張すると，その MU 変換は連続反転群となる．アルゴリズム：LMIG は LCS 本図 9.7.5 および図 9.7.7 に示した円内の格子の境界から反転円への写像のためのアルゴリズムである．したがって，アルゴリズム：MIG 1 をベースにしており，格子円と反転円の作図に分かれる．作図の見やすさから，円半径 $r<15$，$0 \leq \Delta x$，$\Delta y<1$ の範囲で入力されるのが適切である．いろいろ入力値を変えて操作することによって格子円が反転円へどのように写るのか確認してほしい．画像内での〇印は格子点とその反転群の位置を示す．$r \to f\mathcal{L}$ になると円周部と中心部を除き格子は反転写像によって円の半径方向に対して反転した格子にきわめて近いものとなる．これを 3 次元に拡張すると格子球から反転球への反転となる．もし，3 次元格子の中に人がいれば，球の中心と外縁を除く部分では微小な空間のひずみを伴うが，天地が逆となる．これは格子幾何学⇔射影幾何学の関係である．

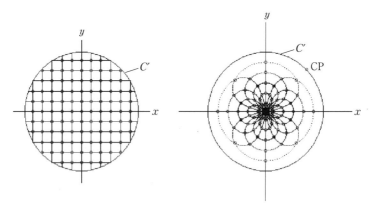

図 9.7.7

＜アルゴリズムの解説＞

アルゴリズム：LMIG では，初めに反転円（右側）を作成し，後で格子円を作成する構成となっている．反転円はまず円面に単位正方形コア USC を作成し，USC の境界に沿って x ラインと y ラインを MU 変換によって連続的に反転させる．

反転円の作成	行番号	270-750
x ラインの反転	行番号	390-560
y ラインの反転	行番号	590-750
格子円の作成	行番号	780-1070

ここで，格子点は行番号 910，その反転群は行番号 550 で指定されており，画像中の〇印で表す．

```
100 ' " LMIG "
110 ' Trajectory of MIG Circle and Lattice Circle
120 '    by M.Samata
130 SCREEN 3,0,0,1:CONSOLE 0,25,0,1:WIDTH 80,25:CLS 3
140 WIDTH LPRINT 70
150 PA=3.14159265358979#
160 CLS 3
170 ' - - - - -
180 SX(1)=1   :SX(2)=-1 :SX(3)=-1 :SX(4)= 1
190 SY(1)=1   :SY(2)= 1 :SY(3)=-1 :SY(4)=-1
200 A1=.05
210 ' - - - -
220 R=5.8#                 :'円半径（R＜15）
230 XP=0                   :'０＜＝ΔX＜１
240 YP=0                   :'０＜＝ΔY＜１
250 ' - - - -
260 ' - - - - - 反転円の作成
270  RR=FIX(R)
280 BX=450  : BY=250  : AP=100/R : AD=150
290 LINE (BX-AD ,BY)-(BX+AD ,BY)
300 LINE (BX,BY-AD )-(BX,BY+AD )
310 CIRCLE (BX,BY),R*AP,3      :'反転円
320 X=BX+XP*AP : Y=BY-YP*AP
330 CIRCLE (X,Y),R*AP,6        :'格子円
340 ' - - - -
350 ' - - - - - 単位正方形コア円面への積み上げ
360 ' - - - - - 連続格子辺の作成
370 FOR L=1 TO 4
380 ' - - - - - Xライン上の反転群
390 RX=FIX(R+XP*SX(L))
400 FOR XX=0 TO RX
410 X=(XX-XP)*SX(L)
420 RW=SQR(R^2-X^2)+YP*SY(L)
430 FOR YY=0   TO RW   STEP A1
440 Y=(YY-YP)*SY(L)             :'式 (9.7.5)
450 AA=SQR(X^2+Y^2)
460 IF AA=0 THEN 470 ELSE 490 :'式 (9.7.19)  (9.7.20)
470 XS=R/SQR(2) : YS=R/SQR(2) : GOTO 510
480 ' - - - - - 式 (9.7.8)
490 XS=X*(R/AA -1)
500 YS=Y*(R/AA -1)
510 X1=BX+AP*XS
520 Y1=BY-AP*YS
530 PSET (X1,Y1)
540 IF ABS(YY-CINT(YY))<.01 THEN 550 ELSE 560
550 CIRCLE (X1,Y1),2        :'反転した格子点
560 NEXT YY,XX
570 '
580 ' - - - - - Yライン上の反転群
590 RY=FIX(R+YP*SY(L))
600 FOR YY=0 TO RY
610 Y=(YY-YP)*SY(L)
620 RQ=SQR(R^2-Y^2)+XP*SX(L)
630 FOR XX=0    TO RQ   STEP A1
640 X=(XX-XP)*SX(L)
650 AA=SQR(X^2+Y^2)
660 IF AA=0 THEN 670 ELSE 690 : '式 (9.7.19)   (9.7.20)
670 XS=R/SQR(2) : YS=R/SQR(2) : GOTO 710
```

```
680 '－－－－－式(9.7.8)
690 XS=X*(R/AA -1)
700 YS=Y*(R/AA -1)
710 X1=BX+AP*XS
720 Y1=BY-AP*YS
730 PSET (X1,Y1)
740 NEXT XX,YY
750 NEXT L
760 '
770 '－－－－－格子円の作成
780 WX=130
790 FOR L=1 TO 4
800 '－－－－－Xラインの格子線
810 RX=FIX(R+XP*SX(L))
820 FOR XX=0 TO RX
830   X=XX-XP*SX(L)
840 RW=SQR(R^2-X^2)+YP*SY(L)
850 X1=WX+XX*AP*SX(L)  :  Y1=BY-RW*AP*SY(L)
860 LINE (X1,BY)-(X1,Y1)  : 'Xライン
870 RWW=FIX(RW)
880 FOR I=0 TO RWW
890 YY1=BY-I*AP*SY(L)
900 IF I=RWW AND ABS(RWW-RW)<1D-006 THEN 920
910 CIRCLE (X1,YY1),2   : '格子点の作成
920 NEXT I
930 NEXT XX
940 '－－－－－Yラインの格子線
950 RY=FIX(R+YP*SY(L))
960 FOR YY=0 TO RY
970   Y=YY-YP*SY(L)
980 RW=SQR(R^2-Y^2)+XP*SX(L)
990 Y1=BY-YY*AP*SY(L)   :  X1=WX+RW*AP*SX(L)
1000 LINE (WX,Y1)-(X1,Y1)  : 'Yライン
1010 NEXT YY
1020 NEXT L
1030 CIRCLE (WX+XP*AP,BY-YP*AP),R*AP,6  : '格子円
1040 LINE (WX,BY-R*AP-20)-(WX,BY+R*AP+20),5
1050 LINE (WX-(R*AP+20),BY)-(WX+R*AP+20,BY),5
1060 LINE (WX+XP*AP,BY-R*AP-20)-(WX+XP*AP,BY+R*AP+20),,,2
1070 LINE (WX-(R*AP+20),BY-YP*AP)-(WX+R*AP+20,BY-YP*AP),,,2
1080 PRINT" LMIG "
1090 PRINT" R=";R
1100 PRINT" XP=";XP
1110 PRINT" YP=";YP
1120 INPUT A$
1130 CLS 3
1140 END
```

第 4 章

3次元球とトーラスの
アルゴリズム

4.1 アルゴリズム：SKST（球のスケルトン図）

3次元多様体の表面を直方体コアRTGで被覆するには一般に4つの方法があるが，LCS本では領域分割法が多く用いられている．この領域分割の構造を理解するために，スケルトン図が用いられる．このスケルトン図は，多様体の表面と被覆コアの関係を直感的に理解できるという特徴がある．LCS本図10.4.2に示したスケルトン図は球のy方向の半面を表している．スケルトン図は多様体とその表面に張られたコアの透過図となっており，xz面に張られたコア群とy方向の多様体表面の等高線群（球では同心円）より構成されている．このとき，xz面のy方向に積み上げられたRTGの個数はx，z軸に接した一部のコアを除きxz面に張られたRTGと等高円による最外縁内の全平面領域の分割数と等しくなる．この作図は難しくはなく，球の場合では球の円面にRTGに対応する長方形を積み上げ作図し，その上にy方向に等間隔の同心円を画けばよい．

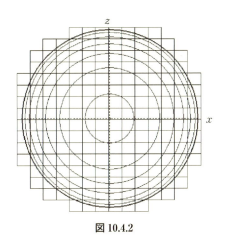

図 10.4.2

＜アルゴリズムの解説＞

3次元であるから，x，y，z軸となり，ここでは2次元平面をxz面とし，立体方向への積み上げはy方向とする．

  xz面での半径rの円面への長方形コアの積み上げ作図 行番号 390-610
  y方向へのRTGのy辺長WY間隔の同心円の作図 行番号 650-800

ここで，球の$+y$面と$-y$面ではΔx，Δyがゼロ以外では，コアの積み上げの関係から2次元での円の半径が異なるからこれを行番号190で指定し，行番号360，370で操作する．

第4章 3次元球とトーラスのアルゴリズム

```
100 ' " SKST "
110 ' Picture of Skelton Structure on Sphere
120 '   for Region Division Method   by M.Samata
130 SCREEN 3,0,0,1:CONSOLE 0,25,0,1:WIDTH 80,25:CLS 3
140 WIDTH LPRINT 70
150 PA=3.14159265358979#
160 CLS 3
170 QK=0
180 ' - - - - - -
190 SY=1            :'ＳＹ＝１で+Y面、ＳＹ＝２で-Y面の選択
200 ' - - - - -
210 R1=10.3              :'円半径
220 XP=.8#               :'ΔX
230 ZP=.6#               :'ΔZ
240 YP=.4#               :'ΔY
250 ' - - - - - 直方体コアの各辺長
260 WX=1.8#              :'X辺長
270 WZ=1.1#              :'Z辺長
280 WY=1.2#              :'Y辺長   同心円の間隔
290 ' - - - - -
300 BX=300 : BZ=270 : AP=180/R1
310 ' - - - - -
320 WC=0
330 SX(1)=1  :SX(2)=1  :SX(3)=-1 :SX(4)=-1
340 SZ(1)=1  :SZ(2)=-1 :SZ(3)=-1 :SZ(4)=1
350 ' - - - - - - +Y面、-Y面の切り替え
360 FOR AY=SY TO SY
370  IF AY=1 THEN R=R1 ELSE R=SQR(R1^2-YP^2)
380 ' - - - - - -X、Z の 円面への長方形コアの積み上げ
390 FOR L=1 TO 4
400 X=XP*SX(L) : Z=ZP*SZ(L)
410 IF L=1 OR L=4 THEN RT=R ELSE RT=SQR(R^2-Z^2)
420 FQ=(RT+X)/WX
430 FF=FIX(FQ)*SX(L)
440 IF ABS(FQ-CINT(FQ))<1D-006 THEN FF=CINT(FQ)*SX(L)
450 FOR J=0    TO FF  STEP SX(L)
460 JJ=J*WX
470 IF L=1 AND J=0 OR L=2 AND J=0 THEN B=(R+Z)*SZ(L) : GOTO 510
480 BU=(R^2-(JJ-XP)^2)
490 IF BU<=0 THEN B=Z*SZ(L) : GOTO 510
500 B=(SQR(R^2-(JJ-XP)^2)+Z)*SZ(L)
510 BC=B/WZ : B2=FIX(BC)
520 IF ABS(BC-INT(BC))<1D-006 THEN 530 ELSE 540
530 IF QK=1 THEN B2=CINT(B/WZ)-SZ(L) ELSE B2=CINT(BC)
540 PXX=JJ : PZZ=B2
550 FOR Q=PZZ TO 0 STEP -SZ(L)
560 XX1=BX+PXX*AP : ZZ1=BZ-Q*WZ*AP
570 XX2=BX+(PXX+WX*SX(L))*AP : ZZ2=BZ-(Q*WZ+SZ(L)*WZ)*AP
580 LINE (XX1,ZZ1)-(XX2,ZZ2),,B
590 NEXT Q
600 NEXT J
610 NEXT L
620 NEXT AY
630 '
640 ' - - - - Y方向の同心円の作図
650 NC=0
660 IF SY=1 THEN YPP=YP ELSE YPP=-YP
670 VBX=BX+XP*AP  : VBZ=BZ-ZP*AP
```

```
680 YQ=(R+YPP)/WY
690 EY=FIX(YQ)
700 IF YQ-CINT(YQ)<1D-006 THEN EY=CINT(YQ)
710 ' ------ WY間隔の同心円
720 FOR YY=0 TO EY
730 YYT=YY*WY
740 IF SY=1 AND YY=0 THEN RZ1=R : GOTO 780
750 RRZ=(R1^2-(YYT-YPP)^2)
760 IF RRZ<=0 THEN 800
770 RZ1=SQR(RRZ)
780 CIRCLE (VBX,VBZ),RZ1*AP      :'同心円作図
790 NC=NC+1
800 NEXT YY
810 ' ------ 円の中心線
820 LINE (VBX,VBZ)-(VBX,VBZ-R*AP),,,2
830 LINE (VBX,BZ)-(VBX,VBZ+R*AP),,,2
840 LINE (VBX-R*AP,VBZ)-(VBX+R*AP,VBZ),,,2
850 ' ------
860 CIRCLE (VBX,VBZ),2
870 PRINT " SKST "
880 PRINT " R=";R1
890 PRINT " X=";XP
900 PRINT " Z=";ZP
910 PRINT " Y=";YP
920 PRINT" WX=";WX
930 PRINT" WZ=";WZ
940 PRINT" WY=";WY
950 IF SY=1 THEN PRINT" Y 面= +" ELSE PRINT" Y 面= -"
960 PRINT" Y.C No=";NC      :'同心円の数
970 INPUT A$ : CLS 3 : END
```

4.2 アルゴリズム：DLFP 1（球の展開図（第1象限））

　球の直方体コア RTG による被覆コア数の計測方法には，対角射影法，対角積み上げ法，領域分割法，迅速分割法の4つの方法がある．アルゴリズム：DLFP 1 はこの4つの方法の関係を第1象限で示した展開図である．LCS 本では図 10.8.1 に示してある．展開図の図(1)〜(4)と4つの計測方法との関係は

　　対角射影法：(1)＋(4)
　　対角積み上げ法：(3)
　　領域分割法：(2)
　　迅速分割法：(2)→(4)＋(1)

となっている．アルゴリズム：DLFP 1 の中のアルゴリズムは，4つの方法の計測原理をそのまま採用しているが，概念図のためコア位置等は別途計算してアルゴリズム中に指定してあるので，確認してほしい．このアルゴリズムでは LCS 本図 10.2.1 で示したような○×の代わりにすべて主要な部分は色分けされているからわかりやすいであろう．また，積み上げ個数が7個で作成されているが，その幾何構造の成り立つ範囲で原点からの Δx, Δz, Δy の偏差と RTG コアの大きさを変えることができるので，この4つの方法がどのように関係し変化するかを確かめることができる．

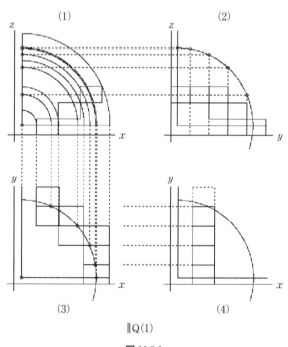

∥Q(1)

図 10.8.1

<アルゴリズムの解説>

このアルゴリズムは第1象限のみの展開図である．アルゴリズムは図(1)～(4)のそれぞれにより，4つのモジュールから構成されている．アルゴリズムの詳細を次に示す．

図(1)の作図	行番号	320-750
積み上げコアの指定と計算	行番号	490-620
等高円等の作成	行番号	640-750
図(1)→(3)のラインの作成	行番号	780-1020
図(3)の作図	行番号	1040-1180
図(3)での等高円等の作成	行番号	1200-1290
図(4)の作図	行番号	1330-1530
図(2)の作図	行番号	1560-1770
図(1)→(2)のライン作成	行番号	1800-1900

このアルゴリズムでの入力諸元を行番号190-250に示す．この入力値はこれが概念図であるから，ほかのアルゴリズムより大きな値なっている．このアルゴリズムでの入力値の可能な範囲をデフォルト値とともに以下に示す．

デフォルト値	変化範囲
DX=12	0 － 12
DZ=15	0 － 15
DY=10	1 － 10
WX=35	35 － 50
WZ=25	10 － 25
WY=30	15 － 30

ただし，この変化範囲は6つの因子のうち1つを変えようとした場合，その変えた因子以外はデフォルト値のままでなければならない．つまり，6つのデフォルト値のうち変えられ得るのは常に1つのみである．

```
100 ' "DLFP1 "
110 ' Development Figures piling with rectangulars on Sphere Suface
120 '  First Quadrant     by M.Samata
130 SCREEN 3,0,0,1:CONSOLE 0,25,0,1:WIDTH 80,25:CLS 3
140 WIDTH LPRINT 70
150 PA=3.14159265#
160 DIM E(10),R(10),U(20)
170 CLS 3
180 ' - - - - - - - 球中心の原点からの偏差
190 DX=12                   :'ΔX値
200 DZ=15                   :'ΔZ値
210 DY=10                   :'ΔY値
220 ' - - - - - - - 直方体コアの各辺長さ
230 WX=35                   :'X辺
240 WZ=25                   :'Z辺
250 WY=30                   :'Y辺
260 ' - - - - - -
270 BX=150
280 BZ=200
290 BVY=BX : BVZ=BZ
300 CLS 3
310 ' - - - - - - - 図（1）の作図
320 X1=WX     : Z1=0    : Z11=BZ-Z1 : X11=BX+X1
330 X2=2*WX   : Z2=1*WZ : Z21=BZ-Z2 : X21=BX+X2
340 X3=3*WX   : Z3=2*WZ : Z31=BZ-Z3 : X31=BX+X3
350 X4=4*WX   : Z4=3*WZ : Z41=BZ-Z4 : X41=BX+X4
360 LINE (X11,Z11)-(X21,Z21),5,B
370 LINE (X21,Z21)-(X31,Z31),5,B
380 LINE (X31,Z31)-(X41,Z41),5,B
390 ' LINE (X11,Z11)-(X41,Z41)
400  RB=-100
410 RW(1)=WZ-DZ            : RQ(1)=2*WX-DX
420 RW(2)=DZ               : RQ(2)=2*WX-DX
430 FOR I=1 TO 2
440 RM=SQR(RW(I)^2+RQ(I)^2)
450 IF RB<RM THEN RB=RM
460 NEXT I
470 RA=WX-DX
480 ' * * * * 積み上げコアの計算
490 R(0)=RA
500 R(1)=SQR((X2-DX)^2+(Z2-DZ)^2)     : R1=R(1)
510 R(2)=SQR((X3-DX)^2+(Z3-DZ)^2)     : R2=R(2)
520 R(3)=SQR((X4-DX)^2+(Z4-DZ)^2)     : R3=R(3)
530 R(4)=R1+R3*.43#            : RR=R(4) : RR1=RR
540 R(5)=SQR(RR^2-(1*WY-DY)^2)        : R5=R(5)
550 R(6)=SQR(RR^2-(2*WY-DY)^2)        : R6=R(6)
560 R(7)=SQR(RR^2-(3*WY-DY)^2)        : R7=R(7)
570 R(8)=SQR(RR^2-(4*WY-DY)^2)        : R8=R(8)
580 R(9)=0
590 LINE (BX+DX,BZ-DZ)-(BX+DX+R3,BZ-DZ)
600 LINE (BX+DX,BZ-DZ)-(BX+DX,BZ-DZ-R3)
610 LINE (BX-10,BZ   )-(BX+R3+20,BZ   )
620 LINE (BX   ,BZ+10)-(BX   ,BZ-R3-20)
630 ' * * * * * * * 図（1）の同心円の作成
640 C3=0
650 C4=PA/2
660 FOR J=0 TO 8
670 SS=.02
```

```
680 IF J=4 THEN SS=.01
690 FOR I=C3 TO C4 STEP SS
700 XC1=R(J)*COS(I)   : ZC1=R(J)*SIN(I)
710 XC1=BX+DX+XC1     : ZC1=BZ-DZ-ZC1
720 IF J>=4 AND J<=8 THEN E=3 ELSE E=7
730 PSET (XC1,ZC1),E
740 NEXT I,J
750 CIRCLE (BX+DX,BZ-DZ),3,3
760 '
770 ' ***** 図(1)→(3)へのライン
780 BBY=430       : BY=BBY-DY
790 BBX=BX+DX
800 LINE (BBX,BY)-(BBX+R3,BY)
810 LINE (BBX,BY)-(BBX,BY-R3)
820 LINE (BX-10,BBY)-(BX+R3+20,BBY)
830 LINE (BX,BBY+10)-(BX,BBY-R3-10)
840 FOR I=-.3# TO PA/2 STEP .01
850 XC1=RR*COS(I)  : YC1=RR*SIN(I)
860 XC1=BBX+XC1    : YC1=BY-YC1
870 PSET (XC1,YC1),4
880 NEXT I
890 U(0)=4 : U(1)=4 : U(2)=4 : U(3)=3 : U(4)=0
900 U(5)=1 : U(6)=2 : U(7)=3 : U(8)=4 : U(9)=1
910 FOR I=0 TO 9
920 XX=BBX+R(I)
930 YY1=BZ-DZ  : YY2=BBY-U(I)*WY
940 IF I>=4 AND I<=8 THEN E=3 ELSE E=7
950 LINE (XX,YY1)-(XX,YY2),E,,2
960 NEXT I
970 CIRCLE (BBX,BY),3,3
980 '
990 P(1)=SQR(RR^2-R2^2)+DY
1000 P(2)=SQR(RR^2-R1^2)+DY
1010 P(3)=SQR(RR^2-R(0)^2)+DY
1020 PYY=1
1030 ' -----    図(3)コアの作図
1040 FOR K=1 TO 3
1050 FOR J=0 TO 10
1060 IF WY*J<P(K) AND WY*(J+1)>P(K)    THEN PY1(K)=J+1
1070 NEXT J
1080 FOR I=PYY TO PY1(K)
1090 U=6
1100 IF I=PY1(K) THEN U=5
1110 XX1=BBX+R(3-K)  : XX2=BBX+R(4-K)
1120 IF K=3 THEN XX2=BBX+RB : XX1=BBX+R(0)
1130 YY1=BBY-(I-1)*WY : YY2=BBY-I*WY
1140 LINE (XX1,YY1)-(XX2,YY2),U,B
1150 LINE (XX1,YY1)-(XX2,YY1),6,B
1160 NEXT I
1170 PYY=PY1(K)
1180 NEXT K
1190 ' ******* 図(3)の同心円
1200 X=BBX+R(4) : Y=BBY-DY
1210 CIRCLE (X,Y),3
1220 X=BBX+R(5) : Y=BBY-1*WY
1230 CIRCLE (X,Y),3
1240 X=BBX+R(6) : Y=BBY-2*WY
1250 CIRCLE (X,Y),3
```

```
1260 X=BBX+R(7) : Y=BBY-3*WY
1270 CIRCLE (X,Y),3
1280 X=BBX+R(8) : Y=BBY-4*WY
1290 CIRCLE (X,Y),3
1300 ' * * * * * * *
1310 '
1320 ' - - - - 図（4）の作図
1330 HBX=X41+WX
1340 BCX=400    : BX=BCX
1350 BBY=430    : BY=BBY-DY
1360 BBX=BCX+DX
1370 LINE (BBX,BY)-(BBX+R3,BY)
1380 LINE (BBX,BY)-(BBX,BY-R3)
1390 LINE (BX-10,BBY)-(BX+R3+20,BBY)
1400 LINE (BX,BBY+10)-(BX,BBY-R3-10)
1410 FOR I=-.3# TO PA/2 STEP .01
1420 XC1=RR*COS(I) : YC1=RR*SIN(I)
1430 XC1=BBX+XC1 : YC1=BY-YC1
1440 PSET (XC1,YC1),4
1450 NEXT I
1460 X11=BCX+X1 : X22=BCX+X2
1470 FOR J=PY1(3) TO 1  STEP -1
1480 Y11=BBY-J*WY : Y22=BBY-(J-1)*WY
1490 IF J=PY1(3) THEN 1520
1500 LINE (X11,Y11)-(X22,Y22),6,B
1510 LINE (HBX,Y11)-(X11,Y11),,,2    : GOTO 1530
1520 LINE (X11,Y11)-(X22,Y22),,B,2
1530 NEXT J
1540 '
1550 ' - - - - 図（2）の作図
1560 BDY=400    : BY=BDY
1570 BBZ=200    : BZ=BBZ-DZ
1580 BBY=BDY+DY
1590 LINE (BBY,BZ)-(BBY+R3,BZ)
1600 LINE (BBY,BZ)-(BBY,BZ-R3)
1610 LINE (BY-10,BBZ)-(BY+R3+20,BBZ)
1620 LINE (BY,BBZ+10)-(BY,BBZ-R3-10)
1630 FOR I=-.3# TO PA/2 STEP .01
1640 YC1=RR*COS(I) : ZC1=RR*SIN(I)
1650 YC1=BBY+YC1 : ZC1=BZ-ZC1
1660 PSET (YC1,ZC1),4
1670 NEXT I
1680 SY(1)=0 : SY(2)=2 : SY(3)=3
1690 SZ(1)=2 : SZ(2)=1 : SZ(3)=0
1700 L(1)=3 : L(2)=2 : L(3)=2
1710 FOR J=1 TO 3
1720 Y1=BDY+WY*SY(J) : Z1=BBZ-WZ*SZ(J)
1730 FOR I=0 TO L(J)-1
1740 Y=Y1+WY*I    : Z=Z1
1750 Y2=Y+WY      : Z2=Z-WZ
1760 LINE (Y,Z)-(Y2,Z2),5,B
1770 NEXT I,J
1780 '
1790 ' - - - - 図（1）→（2）へのライン
1800 FOR J=1 TO 5
1810 X1=BVY+DX  : Z1=BVZ-DZ-R(J+3)
1820 Y2=BDY+WY*(J-1)
1830 IF J=1 THEN Y2=BDY+DY
```

```
1840 LINE (X1,Z1)-(Y2,Z1),,,2
1850 CIRCLE (X1,Z1),3
1860 CIRCLE (Y2,Z1),3
1870 IF J=1 THEN 1900
1880 Y3=BDY+(J-1)*WY : Z2=BVZ
1890 LINE (Y3,Z1)-(Y3,Z2),,,2
1900 NEXT J
1910 LOCATE 12, 3,1:PRINT"(1)"
1920 LOCATE 63, 3,1:PRINT"(2)"
1930 LOCATE 12,15,1:PRINT"(3)"
1940 LOCATE 63,15,1:PRINT"(4)"
1950 LOCATE  0, 0,1
1960 '
1970 PRINT" DLFP1 "
1980 PRINT" 第1象限 "
1990 PRINT" WX=";WX
2000 PRINT" WZ=";WZ
2010 PRINT" WY=";WY
2020 INPUT B$
2030 CLS 3
2040 END
```

4.3 アルゴリズム：DLFP 2（球の展開図（第 3 象限））

アルゴリズム：DLFP 2 は，LCS 本図 10.8.3 に示したアルゴリズム：DLFP 1 の第 3 象限でのバージョンである．このアルゴリズムでのコア個数は 8 個で設定されている．アルゴリズム：DLFP 2 のモジュールはアルゴリズム：DLFP 1 の一部を変えるだけである．DLFP 1 では図(1)の 1/4 円が DLFP 2 では 1/4 円が $\mathit{\Delta}z$ によって途中で切断されている．この図が入力値によりどのように変わるのかを確認してほしい．

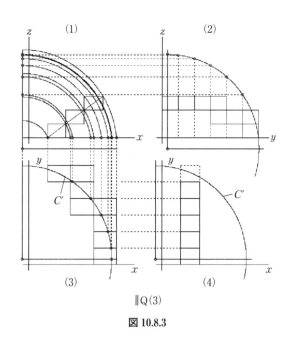

図 10.8.3

＜アルゴリズムの解説＞

アルゴリズム：DLFP 2 のモジュールは，アルゴリズム：DLFP 1 と同様に以下のようになる．

図(1)の作図	行番号	340-740
図(1)→(3)のラインの作成	行番号	770-950
図(3)の作図	行番号	980-1250
図(4)の作図	行番号	1280-1490
図(2)の作図	行番号	1520-1740
図(1)→(2)のライン作成	行番号	1770-1880

第 3 象限では第 1 象限と異なり $\mathit{\Delta}x$, $\mathit{\Delta}z$ の入力値 DX，DZ が行番号 270 のように負値に変換される．また，x 軸上の円の切断は行番号 570-600 および 710 で与えられる．

アルゴリズム：DLFP 2 での入力値の可能な範囲をデフォルト値とともに以下に示す．

4.3 アルゴリズム：DLFP 2（球の展開図（第 3 象限））

デフォルト値	変化範囲
DX＝12	0 － 20
DZ＝20	0 － 30
DY＝10	0 － 20
WX＝35	30 － 40
WZ＝25	10 － 40
WY＝30	20 － 35

ただし，この変化範囲は 6 つの因子のうち 1 つを変えようした場合，その変えた因子以外はデフォルト値のままでなければならない．つまり，6 つのデフォルト値のうち変えられ得るのは常に 1 つのみである．

```
100 ' " DLFP2 "
110 ' Development Figures with rectangulars on Sphere Suface
120 ' Third Quadrant        by M.Samata
130 SCREEN 3,0,0,1:CONSOLE 0,25,0,1:WIDTH 80,25:CLS 3
140 WIDTH LPRINT 70
150 PA=3.14159265#
160 DIM E(10),R(10),U(10),X(10)
170 CLS 3
180 ' ------ 入力デフォルト値
190 DX=12                    :' ΔX
200 DZ=20                    :' ΔZ
210 DY=10                    :' ΔY
220 WX=35                    :' X辺長
230 WZ=25                    :' Z辺長
240 WY=30                    :' Y辺長
250 DX1=DX : DZ1=DZ
260 ' ------ DX、DZの負値変換
270 DX=-DX : DZ=-DZ
280 ' -------
290 BX=150
300 BZ=200
310 BVY=BX : BVZ=BZ
320 CLS 3
330 ' --- 図（1）の作図
340 X1=WX    : Z1=0     : Z11=BZ-Z1 : X11=BX+X1
350 X2=2*WX  : Z2=1*WZ  : Z21=BZ-Z2 : X21=BX+X2
360 X3=3*WX  : Z3=2*WZ  : Z31=BZ-Z3 : X31=BX+X3
370 X4=4*WX  : Z4=3*WZ  : Z41=BZ-Z4 : X41=BX+X4
380 LINE (X11,Z11)-(X21,Z21),5,B
390 LINE (X21,Z21)-(X31,Z31),5,B
400 LINE (X31,Z31)-(X41,Z41),5,B
410 LINE (X11,Z11)-(X41,Z41)
420 R(0)=SQR((X1-DX)^2+(Z1-DZ)^2)   : R0=R(0)
430 R(1)=SQR((X2-DX)^2+(Z2-DZ)^2)   : R1=R(1)
440 R(2)=SQR((X3-DX)^2+(Z3-DZ)^2)   : R2=R(2)
450 R(3)=SQR((X4-DX)^2+(Z4-DZ)^2)   : R3=R(3)
460 R(4)=R1+R3*.43#                 : RR=R(4)
470 R(5)=SQR(RR^2-(1*WY-DY)^2)
480 R(6)=SQR(RR^2-(2*WY-DY)^2)
490 R(7)=SQR(RR^2-(3*WY-DY)^2)
500 R(8)=SQR(RR^2-(4*WY-DY)^2)
510 R(9)=SQR(RR^2-(5*WY-DY)^2)
520 LINE (BX+DX,BZ-DZ)-(BX+DX+R3,BZ-DZ)
530 LINE (BX+DX,BZ-DZ)-(BX+DX,BZ-DZ-R3)
540 LINE (BX-10,BZ   )-(BX+R3+20,BZ   )
550 LINE (BX   ,BZ+10)-(BX   ,BZ-R3-20)
560 ' ****** 第3象限でのX値の計算
570 FOR J=0 TO 9
580 X(J)=SQR(R(J)^2-DZ^2)
590 IF J=4 THEN RR1=X(J)
600 NEXT J
610 ' ******
620 C4=PA/2 : C3=0
630 E(0)=7 : E(1)=7 : E(2)=7 : E(3)=7 : E(4)=3
640 E(5)=3 : E(6)=3 : E(7)=3 : E(8)=3 : E(9)=3 : E(10)=7
650 FOR J=0 TO 9
660 SS=.02
670 IF J=4 THEN SS=.01
```

```
680 FOR I=C3 TO C4 STEP SS
690 XC1=R(J)*COS(I)   : ZC1=R(J)*SIN(I)
700 XC2=BX+DX+XC1     : ZC2=BZ-DZ-ZC1
710 IF ZC1<ABS(DZ) THEN 730           :'第3象限での円の切断
720 PSET (XC2,ZC2),E(J)
730 NEXT I,J
740 CIRCLE (BX+DX,BZ-DZ),3,3
750 '
760 '---- 図(1)→(3)のライン
770 BBY=430     : BY=BBY-DY
780 BBX=BX+DX
790 LINE (BBX,BY)-(BBX+R3,BY)
800 LINE (BBX,BY)-(BBX,BY-R3)
810 LINE (BX-10,BBY)-(BX+R3+20,BBY)
820 LINE (BX,BBY+10)-(BX,BBY-R3-10)
830 FOR I=-.3# TO PA/2 STEP .01
840 XC1=RR1*COS(I)   : YC1=RR1*SIN(I)
850 XC1=BBX+XC1      : YC1=BY-YC1
860 PSET (XC1,YC1),4
870 NEXT I
880 U(0)=5 : U(1)=5 : U(2)=5 : U(3)=3 : U(4)=0
890 U(5)=1 : U(6)=2 : U(7)=3 : U(8)=4 : U(9)=5 : U(10)=1
900 FOR I=0 TO 10
910 XX=BBX+X(I)
920 YY1=BZ      : YY2=BBY-U(I)*WY
930 LINE (XX,YY1)-(XX,YY2),E(I),,2
940 NEXT I
950 CIRCLE (BBX,BY),3,3
960 '
970 '---- 図(3)の作図
980 P(1)=SQR(RR1^2-X(2)^2)+DY
990 P(2)=SQR(RR1^2-X(1)^2)+DY
1000 P(3)=SQR(RR1^2-X(0)^2)+DY
1010 PYY=1
1020 FOR K=1 TO 3
1030 FOR J=0 TO 10
1040 IF WY*J<P(K)   AND WY*(J+1)>P(K)     THEN PY1(K)=J+1
1050 NEXT J
1060 FOR I=PYY TO PY1(K)
1070 U=6
1080 IF I=PY1(K) THEN U=5
1090 XX1=BBX+X(3-K)  : XX2=BBX+X(4-K)
1100 YY1=BBY-(I-1)*WY : YY2=BBY-I*WY
1110 LINE (XX1,YY1)-(XX2,YY2),U,B
1120 LINE (XX1,YY1)-(XX2,YY1),6,B
1130 NEXT I
1140 PYY=PY1(K)
1150 NEXT K
1160 '
1170 FOR I=0 TO 9
1180 IF E(I)=3 THEN 1200
1190 X=BBX+X(I) : Y3=BVZ   : GOTO 1240
1200 Y1=(I-4)*WY
1210 IF I=4 THEN Y1=DY
1220 X=BBX+X(I) : Y=BBY-Y1  : Y3=BVZ
1230  CIRCLE (X,Y),3
1240  CIRCLE (X,Y3),3
1250 NEXT I
```

```
1260 '
1270 ' - - - - 図 (4) の作図
1280 HBX=X41+WX
1290 BCX=400      : BX=BCX
1300 BBY=430      : BY=BBY-DY
1310 BBX=BCX+DX
1320 LINE (BBX,BY)-(BBX+R3,BY)
1330 LINE (BBX,BY)-(BBX,BY-R3)
1340 LINE (BX-10,BBY)-(BX+R3+20,BBY)
1350 LINE (BX,BBY+10)-(BX,BBY-R3-10)
1360 FOR I=-.3# TO PA/2 STEP .01
1370 XC1=RR1*COS(I)  : YC1=RR1*SIN(I)
1380 XC1=BBX+XC1  : YC1=BY-YC1
1390 PSET (XC1,YC1),4
1400 NEXT I
1410 X11=BCX+X1 : X22=BCX+X2
1420 FOR J=PY1(3) TO 1 STEP -1
1430 Y11=BBY-J*WY : Y22=BBY-(J-1)*WY
1440 IF J=PY1(3) THEN 1470
1450 LINE (X11,Y11)-(X22,Y22),6,B
1460 LINE (HBX,Y11)-(X11,Y11),,,2    : GOTO 1480
1470 LINE (X11,Y11)-(X22,Y22),,B,2
1480 NEXT J
1490  CIRCLE (BBX,BY),3,3
1500 '
1510 ' - - - - 図 (2) の作図
1520 HBX=X41+WX
1530 BDY=400      : BY=BDY
1540 BBZ=200      : BZ=BBZ-DZ
1550 BBY=BDY+DY
1560 LINE (BBY,BZ)-(BBY+R3,BZ)
1570 LINE (BBY,BZ)-(BBY,BZ-R3)
1580 LINE (BY-10,BBZ)-(BY+R3+20,BBZ)
1590 LINE (BY,BBZ+10)-(BY,BBZ-R3-10)
1600 FOR I=-.3# TO PA/2 STEP .01
1610 YC1=RR*COS(I)   : ZC1=RR*SIN(I)
1620 YC1=BBY+YC1  : ZC1=BZ-ZC1
1630 PSET (YC1,ZC1),4
1640 NEXT I
1650 SY(1)=0 : SY(2)=3 : SY(3)=5
1660 SZ(1)=2 : SZ(2)=1 : SZ(3)=0
1670 L(1)=4 : L(2)=3 : L(3)=1
1680 FOR J=1 TO 3
1690 Y1=BDY+WY*SY(J) : Z1=BBZ-WZ*SZ(J)
1700 FOR I=0 TO L(J)-1
1710 Y=Y1+WY*I       : Z=Z1
1720 Y2=Y+WY         : Z2=Z-WZ
1730 LINE (Y,Z)-(Y2,Z2),5,B
1740 NEXT I,J
1750 '
1760 ' * * * * 図 (1) → (2) のライン
1770 FOR J=1 TO 6
1780 X1=BVY+DX  : Z1=BVZ-DZ-R(J+3)
1790 Y2=BDY+WY*(J-1)
1800 IF J=1 THEN Y2=BDY+DY
1810 LINE (X1,Z1)-(Y2,Z1),,,2
1820 CIRCLE (X1,Z1),3
1830 CIRCLE (Y2,Z1),3
```

```
1840 IF J=1 THEN 1870
1850 Y3=BDY+(J-1)*WY : Z2=BVZ
1860 LINE (Y3,Z1)-(Y3,Z2),,,2
1870 NEXT J
1880  CIRCLE (BBY,BZ),3,3
1890   LOCATE 12, 3,1:PRINT"(1)"
1900   LOCATE 65, 3,1:PRINT"(2)"
1910   LOCATE 12,15,1:PRINT"(3)"
1920   LOCATE 65,15,1:PRINT"(4)"
1930  LOCATE  0, 0,1
1940 '
1950 PRINT" DLFP2 "
1960 PRINT" 第3象限 "
1970 PRINT" DX=";DX1
1980 PRINT" DZ=";DZ1
1990 PRINT" DY=";DY
2000 PRINT" WX=";WX
2010 PRINT" WZ=";WZ
2020 PRINT" WY=";WY
2030 INPUT B$
2040 CLS 3
2050 END
```

4.4 アルゴリズム：SPRS（球の直方体コア立体積み上げ図）

アルゴリズム：SPRS は，本アルゴリズム集でのメインアルゴリズムとなっている．このアルゴリズムによる図は LCS 本にはないものであり，本書のために作成したものである．球表面を直方体 RTG で被覆する場合，4.2 節で解説した 4 つの計測方法があるが，そのうち領域分割法は概念的にもわかりやすく，各 RTG コアの座標値も得られる．したがって，立体模型を作ることが可能である．3 次元立体模型を 2 次元で表すのはなかなか難しいのではあるが，立体模型に回転を施せばそれらしく見えるようになる．アルゴリズム：SPRS は，領域分割法を用いて球表面に積み上げられた RTG コアの立体模型の 2 次元回転像である．このアルゴリズムでは，立体積み上げがなるべく理解しやすいようにユニバーサルに作成されている．アルゴリズムの特徴は以下のとおりである．

① 領域分割法の詳細なアルゴリズム
② 球半径，座標原点と球中心との偏差，RTG の各辺長の入力
③ $+y$ 面（白），$-y$ 面（青）のコアの色分け
④ x, z, y 軸のそれぞれの回転角度入力による球とコアの回転

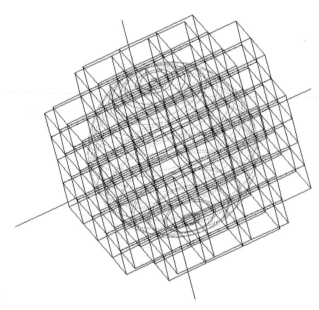

本図は球表面を被覆する直方体コアを 3 次元で立体的に積み上げたものである．領域分割法を用いて 3 次元方向に直方体コアを球表面に積み上げ，球とともに 3 次元方向に回転させた立体模型の 2 次元投影図となっている．表面と裏面のコアが外見上被さって球内部にもコアで覆われているように見えるが，実際には表面だけを覆ったコアの投影図である．

⑤ 半径が大きくなった場合でのRTGコア角点のみの表示
⑥ 指定されたxコア列のみの模型

読者は②〜⑥の操作をいろいろ試してみることによって，3次元立体積み上げを体で理解されることを望む．天球のラビリンスが一見難しそうに見えるのは，式が難しいわけではなく，こうした幾何構造を実際にわれわれは普段なかなかイメージできないからであろう．ここで立体積み上げの確かなイメージを養っておけば，楕円体やトーラス族についてもより理解が深まるものと思う．

＜アルゴリズムの解説＞

アルゴリズムの本体は前半のモジュールで領域分割法による$\pm y$面のxz面の円面積み上げコアの対角角点のy方向のコア計測により，各RTGコアの座標値を得る．後半のモジュールでは，得られたRTGコアの座標値から球表面を被覆するRTGコアの回転と作図となっている．領域分割法ではxz面の円面に積み上げられた長方形コアRCT 1つ1つのy方向コア数をWW，コアの対角角点のy方向コア列数をY11，Y12とすると

$$WW = Y11 - Y12 + 1 \qquad (P\,13)$$

で与えられる．このときxz面積み上げですでにRCTのx, z座標値は得られているから，WWの計測過程でy方向に並ぶすべてのコアのx, z, yの座標値が得られる．

各モジュールは以下のとおりである．

$\pm y$面のxz面の円面への長方形コアRCTの
 積み上げとコア座標値の計測　　　　　　行番号　　　460-1000
WW＝Y11－Y12＋1でのY11，Y12の
 計測とB領域補正　　　　　　　　　　　行番号　　　760-1000
 C領域の補正　　　　　　　　　　　　　行番号　　　1050-1290

サブルーチン
 ＊XP：x軸に接したコアのA領域補正　　行番号　　　1540-1990
 ＊ZP：z軸に接したコアのA領域補正　　行番号　　　2040-2240
 ＊SSU：RTGコアと球の座標回転に
  よるコアと球の作図　　　　　　　　　行番号　　　2280-2940
 ＊SPG：回転球の作図　　　　　　　　　　行番号　　　2980-3120
 ＊CXZ：回転公式　　　　　　　　　　　　行番号　　　3160-3190
 ＊LIXZ：回転したxz軸　　　　　　　　　行番号　　　3230-3380

＜領域分割法の適用＞

RCTコアの円面積み上げにより，行番号660でRCTコアのx, z座標値（PZZではPZZ＊WZで座標値を得る）が得られる．また，式(P 13)のY12は行番号820で，そのy座標値は行番号800で得られる．同様にY11は行番号910で，そのy座標値は行番号890で得られる．式(P 13)は行番号940である．

<RTG コアの作図と回転>

これらの操作は主にサブルーチン＊SSU で行われる．直方体 RTG の角点は前面に 4 個，後面に 4 個の全部で 8 点あるから，RTG コア辺の作成は角点の間を 12 個の線で結ぶことになり行番号 2710-2890 で作図する．回転は＊CXZ の回転公式により行われるが，そのときの各面での回転角度 θ（ラジアン）は

$$\theta = A\frac{\pi}{2} \qquad (\text{P 14})$$

として，式(P 14) の A 値（角度係数）により入力する．これにより A は±の実数値となり，$A=1$ で $\theta=\pi/2$，$A=2$ で $\theta=\pi$ となる．

<入力の選択と出力の諸元>

（1） 行番号 250 での ASA 値の選択

ASA＝0（デフォルト値）では球表面への RTG の積み上げ図である．球の半径 r は r 値 50 以下で入力するようになっている．

ASA＝1 では球表面での RTG の角点のみの作図である．球の半径が大きくなる（$r=10\sim50$）とコアの線が画像を不鮮明にさせるので，角点の分布より全体構造が把握できるようになっている．

ASA＝2 では行番号 260 の XLP 値との併用により XLP（±の整数値）で指定された x 列のみの積み上げを表示する．ただし，XLP＝0 の場合は±の y 面を表示する．

（2） 回転角度値の入力

式(P 14) での A 値の入力であり，行番号 360-380 で xz 面の回転は AXZ＝，zy 面の回転は AZY＝，xy 面の回転は AXY＝を実数値として入力する．また，この入力によってコアだけでなく，球も回転する．ここで，AXZ＝0，AZY＝1，AXY＝1 を選び，ASA＝2 として XLP 値を入力すると，LCS 本図 10.4.1 に示した XLP の x 列でのスライスされたコアを見ることができる．

（3） 出力の諸元

T.core＝は LCS 本式(10.4.29)の計算による全コア個数であり，Count.C＝は作図によってカウントされた全コア個数である．本来，この両数は等しくなければならない．また，DSE＝として離散構造式による値も表示したので，これらの値を比較検討してほしい．

4.4 アルゴリズム：SPRS（球の直方体コア立体積み上げ図）

```
100 ' " SPRS "
110 ' Picture of Solid piling with rectangulars on Sphere Suface
120 ' Revolution Sphere piling with Region Division Method
130 '    by M.Samata
140 SCREEN 3,0,0;1:CONSOLE 0,25,0,1:WIDTH 80,25:CLS 3
150 WIDTH LPRINT 70
160 PA=3.14159265358979#
170 DIM XU(2,4,2000),ZU(2,4,2000),Y1(2,4,2000),Y2(2,4,2000),CN(2,4)
180 DIM X(2,10),Z(2,10),C(10),F(10)
190 CLS 3
200 QK=0
210 '------ＡＳＡ値の０～２の指定
220 '------ＡＳＡ＝０のとき直方体コアの作図
230 '------ＡＳＡ＝１のとき直方体の角点（格子点）の作図
240 '------ＡＳＡ＝２のとき指定Ｘ列のみの作図
250 ASA=0
260 XLP=1              :'Ｘ列の指定（＋、－）
270 '-----
280 R1=3.3#            :'球の半径
290 XP=.5#             :'ΔＸ
300 YP=.4#             :'ΔＹ
310 ZP=.6#             :'ΔＺ
320 WX=1.3#            :'ＲＴＧのＸ辺長
330 WZ=1#              :'ＲＴＧのＺ辺長
340 WY=1.2#            :'ＲＴＧのＹ辺長
350 '------３次元の回転定数（実数値）
360 AXZ=.3#            :'ＸＺ面の回転
370 AZY=.3#            :'ＺＹ面の回転
380 AXY=.3#            :'ＸＹ面の回転
390 '-----
400 KP1=0 : KP2=0   : WC=0
410 SX(1)=1  :SX(2)=-1 :SX(3)=-1 :SX(4)=1
420 SZ(1)=1  :SZ(2)= 1 :SZ(3)=-1 :SZ(4)=-1
430 SY(1)=1  : SY(2)=-1
440  RRR1=R1
450 '---- ＸＺ円面でのコアの積み上げ計測
460 FOR AY=1 TO 2       :'＋－のＹ面
470 IF AY=1 THEN R=R1 ELSE R=SQR(R1^2-YP^2)
480  Y=YP*SY(AY)
490 FOR L=1 TO 4        :'１～４象限
500  CC=0
510 X=XP*SX(L) : Z=ZP*SZ(L)
520 IF L=1 OR L=2 THEN RT=R ELSE RT=SQR(R^2-Z^2)
530 FQ=(RT+X)/WX
540 FF=FIX(FQ)*SX(L)
550 IF ABS(FQ-CINT(FQ))<1D-006 THEN FF=CINT(FQ)*SX(L)
560  N=0
570 FOR J=0       TO FF    STEP SX(L)
580 JJ=J*WX
590 IF L=1 AND J=0 OR L=4 AND J=0 THEN B=(R+Z)*SZ(L) : GOTO 630
600 BU=(R^2-(JJ-XP)^2)
610 IF BU<=0 THEN B=Z*SZ(L) :GOTO 630
620 B=(SQR(BU)+Z)*SZ(L)
630 BC=B/WZ : B2=FIX(BC)
640 IF ABS(BC-CINT(BC))<1D-006 THEN 650 ELSE 660
650 IF QK=1 THEN B2=CINT(B/WZ)-SZ(L) ELSE B2=CINT(BC)
660 PXX=JJ : PZZ=B2      :'コアのＸ座標値とＺコア列
670 '
```

```
680 IF L=1 OR L=4 THEN 690 ELSE 710
690    IF PXX=0 THEN GOSUB *XP : GOTO 1000
700 ' - - - Z方向の積み上げ
710 FOR Q=PZZ TO 0 STEP -SZ(L)
720 IF L=1 OR L=2 THEN 730 ELSE 760
730 IF Q=0 THEN GOSUB *ZP : GOTO 940
740 ' - - - B領域補正
750 ' - - - Y12の算出     式 (10.4.20)
760 RS=(R1^2-(PXX-XP+SX(L)*WX)^2-(Q*WZ-ZP+SZ(L)*WZ)^2)
770 IF (RS)<0 THEN 780 ELSE 790
780 YY2=Y    : GOTO 810
790 YY21=SQR(RS)              : '式 (10.4.21)
800 YY2=YY21+Y
810 YY3=YY2/WY
820 Y12=FIX(YY3)
830 ' - - - Y11の算出
840 IF ABS(YY3-CINT(YY3))<1D-006 THEN Y12=CINT(YY3)
850 IF AY=1 AND RS>0 AND YP>YY21 AND YY21+YP>=WY THEN UK1=UK1+1
860 RS=(R1^2-(PXX-XP)^2-(Q*WZ-ZP)^2)   : '式 (10.4.11)
870 IF (RS)<0 THEN 880 ELSE 890
880 YY1=Y    : GOTO 900
890 YY1=SQR(RS)+Y          : '式 (10.4.11)
900 YY4=YY1/WY
910 Y11=FIX(YY4)
920 IF ABS(YY4-CINT(YY4))<1D-006 THEN 930 ELSE 940
930 IF QK=1 THEN Y11=CINT(YY4)-1 ELSE Y11=CINT(YY4)
940 WW=Y11-Y12 +1         : '式 (10.4.13)
950 CC=CC+WW
960 N=N+1
970 XU(AY,L,N)=J   : ZU(AY,L,N)=Q      : 'X、Z方向のコア列
980 Y1(AY,L,N)=Y11 : Y2(AY,L,N)=Y12    : 'Y方向コア列
990 NEXT Q
1000 NEXT J
1010 '
1020 ' - - - - C領域の補正
1030 ' - - - - Z軸に接したコア補正
1040 ' - - - - 式 (10.4.22) - (10.4.24)
1050 IF AY=2 THEN 1260
1060 IF L=1 OR L=4 THEN 1070 ELSE 1170
1070 PZ1=SQR(R1^2-X^2-Y^2)     : GZ1=FIX((PZ1+Z)/WZ)
1080 PZ2=SQR(R1^2-(WX-XP)^2-Y^2) : GZ2=FIX((PZ2+Z)/WZ)
1090 IF GZ1<GZ2 THEN PPZ1=GZ1 ELSE PPZ1=GZ2
1100 PZ3=SQR(R1^2-(WX-XP)^2-(WY-YP)^2) : GZ3=FIX((Z3+Z)/WZ)
1110 PZ4=SQR(R1^2-(XP)^2-(WY-YP)^2)    : GZ4=FIX((Z4+Z)/WZ)
1120 IF GZ3<GZ4 THEN PPZ2=GZ3 ELSE PPZ2=GZ4
1130 IF PPZ2>PPZ1 THEN UK2=PPZ2-PPZ1 ELSE UK2=0
1140 '
1150 ' - - - - X軸に接したコア補正
1160 ' - - - - 式 (10.4.25) - (10.4.27)
1170 IF L=1 OR L=2 THEN 1180 ELSE 1260
1180 PX1=SQR(R1^2-Z^2-Y^2)     : GX1=FIX((PX1+X)/WX)
1190 PX2=SQR(R1^2-(WZ-ZP)^2-Y^2) : GX2=FIX((PX2+X)/WX)
1200 IF GX1<GX2 THEN PPX1=GX1 ELSE PPX1=GX2
1210 PX3=SQR(R1^2-(WZ-ZP)^2-(WY-YP)^2) : GX3=FIX((X3+X)/WX)
1220 PX4=SQR(R1^2-(ZP)^2-(WY-YP)^2)    : GX4=FIX((X4+X)/WX)
1230 IF GX3<GX4 THEN PPX2=GX3 ELSE PPX2=GX4
1240 IF PPX2>PPX1 THEN UK3=PPX2-PPX1 ELSE UK3=0
1250 '
```

4.4 アルゴリズム：SPRS（球の直方体コア立体積み上げ図)　　101

```
1260 CC1=CC+UK1+UK2+UK3 : WC=WC+CC1     :'式 (10.4.29) によるコア数
1270 CN(AY,L)=N
1280 NEXT L
1290 NEXT AY
1300 '
1310 GOSUB *SSU
1320 '－－－－ 球の離散構造式
1330 NS=2*PA*RRR1^2*(WX+WZ+WY)/(WX*WZ*WY)  :'式 (10.7.12)
1340 DSE=CINT(NS)
1350 '
1360 PRINT" SPRS "
1370 PRINT"R=";R
1380 PRINT"XP=";XP
1390 PRINT"ZP=";ZP
1400 PRINT"YP=";YP
1410 PRINT"WX=";WX
1420 PRINT"WZ=";WZ
1430 PRINT"WY=";WY
1440   PRINT"T.core=";WC          :'式 (10.4.29) によるコア数
1450 PRINT"Count.C=";NW           :'実際のカウントによるコア数
1460 PRINT"DSE=";DSE              :'離散構造式の値
1470 INPUT A$
1480 CLS 3
1490            END
1500 '
1510 '
1520 *XP
1530 '－－－－ X軸に接したA補正
1540 FOR Q=PZZ TO 0 STEP -SZ(L)
1550 IF L=1AND Q=0 THEN 1570 ELSE 1710
1560 '－－－－ 原点に接したコア補正 式 (10.3.42)
1570 EX(1)=XP     : EZ(1)=ZP
1580 EX(2)=XP     : EZ(2)=WZ-ZP
1590 EX(3)=WX-XP  : EZ(3)=WZ-ZP
1600 EX(4)=WX-XP  : EZ(4)=ZP
1610 MIN=99999
1620 FOR I=1 TO 4
1630 YKY=SQR(R1^2-EX(I)^2-EZ(I)^2)+Y
1640 IF I=3 THEN YY2=YKY
1650 IF MIN>YKY THEN MIN=YKY         :'式 (10.3.41)
1660 NEXT I
1670 YY22=MIN
1680 IF YY22<YY2 THEN YY2=YY22
1690 GOTO 1810
1700 '－－－－ 式 (10.4.15)
1710 YGH1=(R1^2-(XP)^2-(Q*WZ-ZP+SZ(L)*WZ)^2)
1720 IF YGH1<=0 THEN YG1=0 : GOTO 1740
1730 YG1=SQR(YGH1)+Y
1740 YGH2=(R1^2-(WX-XP)^2-(Q*WZ-ZP+SZ(L)*WZ)^2)
1750 IF YGH2<=0 THEN YG2=0 : GOTO 1770
1760 YG2=SQR(YGH2)+Y
1770 IF YG1<YG2 THEN YY2=YG1 ELSE YY2=YG2  :'式 (10.4.16)
1780 IF YG1=0 THEN YY2=0
1790 '
1800 '－－－－ 交点補正
1810 YY3=YY2/WY
1820 Y12=FIX(YY3)
1830 IF ABS(YY3-CINT(YY3))<1D-006 THEN Y12=CINT(YY3)
```

```
1840 RS=(R1^2-(Q*WZ-ZP)^2)
1850 IF RS<0 THEN 1860 ELSE 1870
1860 YY1=Y     : GOTO 1890
1870 YY1=SQR(RS)+Y
1880 IF Q=0 AND L=1 THEN YY1=R1+Y
1890 YY4=YY1/WY
1900 Y11=FIX(YY4)
1910 IF ABS(YY4-CINT(YY4))<1D-006 THEN 1920 ELSE 1930
1920 IF QK=1 THEN Y11=CINT(YY4)-1 ELSE Y11=CINT(YY4)
1930 WW=Y11-Y12 +1        : '式 (10.4.16)
1940   CC=CC+WW
1950 N=N+1
1960 XU(AY,L,N)=J   : ZU(AY,L,N)=Q      : 'X、Z方向コア列
1970 Y1(AY,L,N)=Y11 : Y2(AY,L,N)=Y12    : 'Y方向コア列
1980 NEXT Q
1990 RETURN
2000 '
2010 *ZP
2020 ' - - - - Z軸に接したコアのA補正
2030 ' - - - - 式 (10.4.17)
2040 YGH1=(R1^2-(ZP)^2-(PXX-XP+SX(L)*WX)^2)
2050 IF YGH1<=0 THEN YG1=0 : GOTO 2070
2060 YG1=SQR(YGH1)+Y
2070 YGH2=(R1^2-(WZ-ZP)^2-(PXX-XP+SX(L)*WX)^2)
2080 IF YGH2<=0 THEN YG2=0 : GOTO 2100
2090 YG2=SQR(YGH2)+Y
2100 IF YG1<YG2 THEN YY2=YG1 ELSE YY2=YG2
2110 IF YG1=0 THEN YY2=0
2120 '
2130 YY3=YY2/WY           : '式 (10.4.18)
2140 Y12=FIX(YY3)
2150 IF ABS(YY3-CINT(YY3))<1D-006 THEN Y12=CINT(YY3)
2160 RS=(R1^2-(PXX-XP)^2)
2170 IF RS<0 THEN 2180 ELSE 2190
2180 YY1=Y     : GOTO 2200
2190 YY1=SQR(RS)+Y
2200 YY4=YY1/WY
2210 Y11=FIX(YY4)
2220 IF ABS(YY4-CINT(YY4))<1D-006 THEN 2230 ELSE 2240
2230 IF QK=1 THEN Y11=CINT(YY4)-1 ELSE Y11=CINT(YY4)
2240 RETURN
2250 '
2260 *SSU
2270 ' - - - - コアと球の座標回転
2280 R=RRR1
2290 R1=0 : R2=0
2300 R3=R : R4=R : R5=R
2310 SG=PA/2                        : '角度変換
2320 SG1=SG*AXZ : SG2=SG*AZY : SG3=SG*AXY
2330 BX=300
2340 BZ=250
2350 A=15*10/R
2360 ST1=SIN(SG1) : CO1=COS(SG1)   : '三角公式
2370 ST2=SIN(SG2) : CO2=COS(SG2)
2380 ST3=SIN(SG3) : CO3=COS(SG3)
2390 '
2400 GOSUB *SPG
2410 '
```

4.4 アルゴリズム：SPRS（球の直方体コア立体積み上げ図)　　103

```
2420 NW=0
2430 ' ---- RTGコアの角点の指定
2440 C(1)=1 : C(2)=2 : C(3)=2 : C(4)=1 : C(5)=1
2450 F(1)=1 : F(2)=1 : F(3)=2 : F(4)=2 : F(5)=1
2460 FOR AY=1 TO 2
2470 IF AY=1 THEN CC=7 ELSE CC=1  :'Y面（白）、-Y面（青）
2480 FOR L=1 TO 4
2490 N=CN(AY,L)
2500 ' ---- ＲＴＧコアの座標と作図
2510 FOR I=1  TO N                :'X方向
2520 XU=XU(AY,L,I) : ZU=ZU(AY,L,I) : Y11=Y1(AY,L,I) : Y12=Y2(AY,L,I)
2530 ' ---   ＡＳＡ値の分岐
2540  IF ASA=2 THEN 2550 ELSE 2570
2550  IF  XU=XLP THEN 2570 ELSE 2910
2560 '
2570 FOR YM=Y11 TO Y12 STEP -1      :'Y方向のコアの指定
2580   XX(1)=XU*WX        : YY(1)=YM*WY        : ZZ(1)=ZU*WZ
2590 NW=NW+1
2600   XX(2)=(XU+1*SX(L))*WX : YY(2)=(YM+1)*WY : ZZ(2)=(ZU+1*SZ(L))*WZ
2610 FOR JY=1 TO 2
2620 FOR M=1 TO 5
2630 X=XX(C(M)) : Z=ZZ(F(M)) : Y=YY(JY)
2640 IF AY=2 THEN Y=-YY(JY)
2650 GOSUB *CXZ
2660 X(JY,M)=X2        : Z(JY,M)=Z2
2670 NEXT M
2680 NEXT JY
2690 '
2700 ' ---- ＲＴＧコアの作成
2710 FOR JY=1 TO 2
2720 FOR JJ=1 TO 4
2730 X=BX+X(JY,JJ)*A
2740 Z=BZ-Z(JY,JJ)*A
2750 X1=BX+X(JY,JJ+1)*A
2760 Z1=BZ-Z(JY,JJ+1)*A
2770 IF ASA=1 THEN PSET (X,Z) : GOTO 2790
2780 LINE (X,Z)-(X1,Z1),CC
2790 NEXT JJ
2800 NEXT JY
2810 '
2820 IF ASA=1 THEN 2900
2830 FOR JY=1 TO 4
2840 X=BX+X(1,JY )*A
2850 Z=BZ-Z(1,JY )*A
2860 X1=BX+X(2,JY)*A
2870 Z1=BZ-Z(2,JY)*A
2880 LINE (X,Z)-(X1,Z1),CC
2890 NEXT JY
2900 NEXT YM
2910 NEXT I
2920 NEXT L
2930 NEXT AY
2940 RETURN
2950 '
2960 *SPG
2970 ' ---- 回転球の作図
2980 X=XP : Z=ZP : Y=YP
2990 GOSUB *CXZ
```

```
3000 XPQ=X2 : ZPQ=Z2
3010 FOR V=0 TO 2*PA STEP .2#
3020 FOR II=0 TO 2*PA STEP .03
3030 X=(R1+R3*COS(V))*COS(II)
3040 Y=(R2+R4*COS(V))*SIN(II)
3050 Z=R5*SIN(V)
3060 GOSUB *CXZ
3070 XX=BX+XPQ*A+X2*A : ZZ=BZ-ZPQ*A-Z2*A
3080 PSET (XX,ZZ),3
3090 NEXT II
3100 NEXT V
3110 GOSUB *LIXZ
3120 RETURN
3130 '
3140 *CXZ
3150 ' ---- 回転公式
3160 X1=X*CO1-Z*ST1 : Z1=X*ST1+Z*CO1
3170 Z2=Z1*CO2-Y*ST2 : Y1=Z1*ST2+Y*CO2
3180 Y2=Y1*CO3-X1*ST3 : X2=Y1*ST3+X1*CO3
3190 RETURN
3200 '
3210 *LIXZ
3220 ' ---- ＸＺ軸の回転
3230 RD=R+R
3240 X=RD  : Z=0  : Y=0
3250 GOSUB *CXZ
3260 XU1=X2 : ZU1=Z2
3270 X=-RD : Z=0  : Y=0
3280 GOSUB *CXZ
3290 XU2=X2 : ZU2=Z2
3300 LINE (BX+XU1*A,BZ-ZU1*A)-(BX+XU2*A,BZ-ZU2*A)
3310 X=0   : Z=RD : Y=0
3320 GOSUB *CXZ
3330 XU3=X2 : ZU3=Z2
3340 X=0   : Z=-RD : Y=0
3350 GOSUB *CXZ
3360 XU4=X2 : ZU4=Z2
3370 LINE (BX+XU3*A,BZ-ZU3*A)-(BX+XU4*A,BZ-ZU4*A)
3380 RETURN
```

4.5 アルゴリズム：IETDF
　　（等比楕円環トーラスの展開図（第1象限））

　このアルゴリズムは LCS 本図 13.5.1 に示した等比楕円環トーラス IET の第1象限での展開図のアルゴリズムである．そのためすべて固定値であり，変更することができない．トーラスでの展開図が球の場合と異なるのは，トーラスの外側と内側（ホール）について別々に積み上げる必要がある．このとき IET において中央楕円 ECC が主要な役割を担う．このアルゴリズムは LCS 本図 13.5.1 の展開図のより深い理解のためのものであり，その理解に必要な作図が色分けされている．これによって写像系の流れが見やすくなっている．アルゴリズム中の図(1)〜(5)は LCS 本図 13.5.1 での§(1)〜§(5)にそのまま対応している．これにより IET の4つの計測法は，アルゴリズム：IETDF での図(1)での対角コアを $\{\alpha\}$，最上段コアを TPC，最上段なしコアを NTC とすると，

　対角積み上げ法：図(2)での積み上げ

　対角射影法：図(1)での $\{\alpha\}$＋（図(4)＋図(5)）の最上段なしコア $\{NTC\}$

　領域分割法：図(3)での積み上げ

　迅速分割法：図(1)での $\{\alpha\}$＋図(3)から得られた（図(4)＋図(5)）の最上段なしコア $\{NTC\}$

となる．

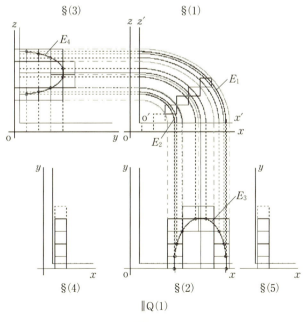

図 13.5.1

<アルゴリズムの解説>

アルゴリズム：IETDF は図(1)～(5)に沿ってそのモジュールが5ブロックに分かれている．

図(1)の作図	行番号	420-1200
図(2)の作図	行番号	1230-1490
図(1)→(2)のライン作成	行番号	1520-1670
図(3)の作図	行番号	1700-2200
図(3)→(1)のライン作成	行番号	2220-2290
図(4)の作図	行番号	2310-2420
図(5)の作図	行番号	2440-2510

<作成画像の色分け>

PC ディスプレー上の画像の色分けは展開構造がわかりやすいように，以下のように配置されている．

（1） 図(1)において xz 面で対角列コア（ライトブルー），対角列コアの角点と交点を結ぶ楕円弧 {PE}（緑色），y 方向の等高線楕円 {YE}（白色），ECC の楕円弧（黄色）である．この楕円弧は {PE}，{YE} が点線，ECC が実線として図(2)と(3)に接続している．

（2） 図(2)では楕円弧 E3（白色）を被覆するように最上段コア TPC（黄色），最上段なしコア NTC（紫色）に配色されている．図(3)での楕円弧 E4（白色）を被覆する積み上げコアは（紫色）である．

（3） 図(4)は IET の内側であり，図(5)は外側でのコアの積み上げであり，それぞれ TPC（黄色），NTC（ライトブルー）に色分けされている．

これらの色分けによってコアの写像がどのように流れるのかわかると思う．

4.5 アルゴリズム：IETDF（等比楕円環トーラスの展開図（第1象限））

```
100 ' " IETDF "
110 ' Development Figures piling with rectangulars on IET Torus
120 '  First Quadrant      by M. Samata
130 SCREEN 3,0,0,1:CONSOLE 0,25,0,1:WIDTH 80,25:CLS 3
140 WIDTH LPRINT 70
150 PA=3.14159265#
160 DIM E(10),R(10),U(20),RX(20),RZ(20),TY(20),YJ(15)
170 DIM X1(10),Z1(10),X(10),Z(10),RXG(10),RZG(10),VX1(10),VZ1(10)
180 DIM YY2(10),WX(2,10),WZ(2,10),VRZ(10)
190 CLS 3
200 ' - - - 中心の偏差及びコア辺長   （固定値）
210 DX=16
220 DZ=15
230 DY=9
240 WX=20
250 WZ=15
260 WY=21
270 ' - - - 指定された楕円軸径    （固定値）
280 QX1=150           : RR=QX1
290 QZ1=QX1*.8#
300 ALF=2.5#
310 QX2=QX1/ALF  :  QZ2=QZ1/ALF
320 QY2=(QX1-QX2)/2
330 QY1=1.7#*QY2
340 QY5=(QZ1-QZ2)/2
350 ' - - - - - - -
360 TBX=100
370 TBZ=200
380 BX=TBX+200 : BZ=TBZ
390 ' - - - - - - -
400 BVY=BX : BVZ=BZ
410 ' * * * * *    図（1）の作図
420 AU=7
430 ' - - - - 対角コア列の作成
440 FOR I=1 TO AU
450 X(I)=I*WX : Z(I)=(I-1)*WZ : Z1(I)=BZ-Z(I) : X1(I)=BX+X(I)
460 NEXT I
470 FOR I=1 TO AU-1
480 LINE(X1(I),Z1(I))-(X1(I+1),Z1(I+1)),5,B
490 NEXT I
500 ' - - - - 等高楕円｛ＹＥ｝の計算
510 EY=FIX(QY1/WY)
520 FOR YY=0 TO EY+1
530 YYT=YY*WY
540 RHY=(QY1^2-(YYT-DY)^2)
550 IF RHY<0 THEN 690
560 RYU=SQR(RHY)*QY2/QY1
570 VX(1)=QX2+QY2+RYU    : WX(1,YY)=VX(1)
580 VX(2)=QX2+QY2-RYU    : WX(2,YY)=VX(2)
590 RZU=SQR(QY1^2-(YYT-DY)^2)*QY5/QY1
600 VZ(1)=QZ2+QY5+RZU    : WZ(1,YY)=VZ(1)
610 VZ(2)=QZ2+QY5-RZU    : WZ(2,YY)=VZ(2)
620 ' - - - - 等高楕円｛ＹＥ｝の作図
630 FOR M=0 TO 2
640 FOR I=0  TO PA/2 STEP .01
650 XA=VX(M)*COS(I)+DX : ZA=VZ(M)*SIN(I)+DZ
660 X1=BX+XA : Z1=BZ-ZA
670 PSET (X1,Z1)
```

```
680 NEXT I,M
690 NEXT YY
700 '
710 R3=160
720 '
730 LINE (BX+DX,BZ-DZ)-(BX+DX+R3,BZ-DZ)
740 LINE (BX+DX,BZ-DZ)-(BX+DX,BZ-DZ-R3)
750 LINE (BX-10,BZ   )-(BX+R3+20,BZ   )
760 LINE (BX   ,BZ+10)-(BX   ,BZ-R3-20)
770 C3=0
780 C4=PA/2
790 ' ----- ＥＣＣの作図
800 FOR I=C3 TO C4 STEP .01
810 X=QX2+QY2 : Z=QZ2+QY5
820 XA=X*COS(I) : ZA=Z*SIN(I)
830 X1=BX+DX+XA : Z1=BZ-DZ-ZA
840 PSET (X1,Z1),6
850 NEXT I
860 ' ----- コア角点に接する楕円｛ＰＥ｝の計算
870 QCX=QX2+QY2   : QCZ=QZ2+QY5
880 FOR I=1 TO AU
890 Z1=Z(I)-DZ  : X1=X(I)-DX  : BET=Z1/X1
900 IF I=3   THEN 950 ELSE 910
910 IF I=AU THEN 920 ELSE 980
920 RX=QX1*SQR((X1/QX1)^2+(Z1/QZ1)^2)
930 RZ=QZ1*RX/QX1
940 VX1=RX :VZ1=RZ     : GOTO 1130
950 RX=QX2*SQR((X1/QX2)^2+(Z1/QZ2)^2)
960 RZ=QZ2*RX/QX2
970 VX1=RX :VZ1=RZ     : GOTO 1130
980 XC1=QCX*QCZ/SQR(QCZ^2+(QCX*BET)^2)
990 ZC1=BET*XC1
1000 X11=QX2*QZ2/SQR(QZ2^2+(QX2*BET)^2)
1010 Z11=BET*X11
1020 R11=SQR(X1^2+Z1^2) : R12=SQR(X11^2+Z11^2) : RC1=SQR(XC1^2+ZC1^2)
1030 R13=RC1-R12 : R14=RC1-R11
1040 YYJ=R13^2-R14^2
1050 IF YYJ<0 THEN 1200
1060 YJ=SQR(YYJ)*QY1/R13+DY    : YJ(I)=YJ
1070 RRH=QY1^2-(YJ-DY)^2
1080 IF RRH<0 THEN 1200
1090 RX=SQR(RRH)*QY2/QY1
1100 RZ=SQR(RRH)*QY5/QY1
1110 IF RC1<R11 THEN EQ=1 ELSE EQ=-1
1120 VX1=QCX+RX*EQ : VZ1=QCZ+RZ*EQ
1130 VX1(I)=VX1   : VZ1(I)=VZ1   : VRZ(I)=RZ
1140 ' ----- ｛ＰＥ｝の作図
1150 FOR M=C3 TO C4 STEP .01
1160 XA=VX1*COS(M)+DX : ZA=VZ1*SIN(M)+DZ
1170 X1=BX+XA : Z1=BZ-ZA
1180 PSET (X1,Z1),4
1190 NEXT M
1200 NEXT I
1210 ' ＊＊＊＊＊＊
1220 ' ＊＊＊＊＊＊ 図（２）の作図
1230 BBY=430    : BY=BBY-DY
1240 BBX=BX+DX
1250 LINE (BBX,BY)-(BBX+R3,BY)
```

4.5 アルゴリズム：IETDF（等比楕円環トーラスの展開図（第１象限）） 109

```
1260 LINE (BBX,BY)-(BBX,BY-R3)
1270 LINE (BX-10,BBY)-(BX+R3+20,BBY)
1280 LINE (BX,BBY+10)-(BX,BBY-R3-10)
1290 '　----　ＸＹ面のＥ３楕円の作図
1300 FOR I=-.2# TO PA+.2#　STEP .01
1310 X=QY2*COS(I)　:　Y=QY1*SIN(I)
1320 XX=BBX+X+QCX　:　YY=BY-Y
1330 PSET (XX,YY)
1340 NEXT I
1350 '　----　ＸＹ面のコア積み上げ
1360 YM1=0
1370 FOR I=AU-1 TO 3 STEP -1
1380 X1=VX1(I)+BBX　:　X2=VX1(I+1)+BBX
1390　YM2=FIX(YJ(I)/WY)
1400 YY1=YM1　:　YY2=YM2
1410 IF YM1>YM2 THEN YY1=YM2　:　YY2=YM1
1420 FOR M=YY1 TO YY2
1430 Y1=BBY-M*WY　:　Y2=BBY-(M+1)*WY　:　C=3
1440 IF M=YY2 THEN C=6
1450 LINE (X1,Y1)-(X2,Y2),C,B
1460 IF M=YY2 THEN YY2(I)=Y2
1470 NEXT M
1480 YM1=YM2
1490 NEXT I
1500 '　****
1510 '　****　図（１）→（２）へのライン作成
1520 FOR I=AU TO 3　STEP -1
1530 X1=VX1(I)+BBX　:　Y2=YY2(I-1)　:　Y1=BZ-DZ
1540 IF I=3 THEN Y2=YY2(I)
1550 LINE (X1,Y1)-(X1,Y2),4,,2
1560　NEXT I
1570 '
1580 X1=QCX+BBX　:　Y1=BZ-DZ　:　Y2=BBY
1590 LINE (X1,Y1)-(X1,Y2),6
1600 '
1610 FOR I=0 TO EY+1
1620 FOR L=1 TO 2
1630 Y=I*WY　:　X=WX(L,I)
1640 Y1=BBY-Y　:　X1=BBX+X　:　Y2=BZ-DZ
1650 LINE (X1,Y1)-(X1,Y2),,,2
1660 CIRCLE (X1,Y1),3
1670 NEXT L,I
1680 '
1690 '　****　図（３）の作図
1700 BDY=TBX　　　:　BY=BDY
1710 BBZ=TBZ　　　:　BZ=BBZ-DZ
1720 BBY=BDY+DY
1730 LINE (BBY,BZ)-(BBY+R3,BZ)
1740 LINE (BBY,BZ)-(BBY,BZ-R3)
1750 LINE (BY-10,BBZ)-(BY+R3+20,BBZ)
1760 LINE (BY,BBZ+10)-(BY,BBZ-R3-10)
1770 '　----　ＺＹ面の楕円Ｅ４の作図
1780 FOR I=-PA/2 TO PA/2 STEP .01
1790 YC1=QY1*COS(I)　:　ZC1=QY5*SIN(I)
1800 YC1=BBY+YC1　:　ZC1=BZ-ZC1-QCZ
1810 PSET (YC1,ZC1)
1820 NEXT I
1830 '　****　図（３）のライン
```

```
1840 Z1=BZ-QCZ
1850 LINE (BBY,Z1)-(BVY+DX,Z1),6
1860 '
1870 FOR YY=0 TO EY+1
1880 FOR J=1 TO 2
1890 Z1=WZ(J,YY)
1900 ZZ=BZ-Z1
1910 LINE (BBY,ZZ)-(BVY+DX,ZZ),,,2
1920 NEXT J,YY
1930 '
1940 FOR YY=1 TO EY+1
1950 Z1=WZ(1,YY)  : Z2=WZ(2,YY)
1960 X1=BDY+YY*WY
1970 ZZ=BZ-Z1     : ZD=BZ-Z2
1980 LINE (X1,ZZ)-(X1,BBZ),,,2
1990 CIRCLE (X1,ZZ),3
2000 CIRCLE (X1,ZD),3
2010 NEXT YY
2020 ' ---- ＺＹ面（図（3））コア積み上げ
2030 PP=0
2040 FOR I=4 TO 6
2050 PP=PP+1
2060 YL(PP)=FIX(YJ(I)/WY)
2070 NEXT I
2080 YW1=0  : PP=0
2090 FOR I=3 TO AU-1
2100 Z1=BBZ-VZ1(I)-DZ : Z2=BBZ-VZ1(I+1)-DZ
2110 PP=PP+1 : YW2=YL(PP)
2120 YY1=YW1 : YY2=YW2
2130 IF YW1>YW2 THEN YY1=YW2 : YY2=YW1
2140 FOR M=YY1 TO YY2
2150 Y1=BDY+M*WY : Y2=BDY+(M+1)*WY
2160 LINE (Y1,Z1)-(Y2,Z2),3,B
2170 IF M=YY2 THEN YG(PP)=Y2
2180 NEXT M
2190 YW1=YW2
2200 NEXT I
2210 ' ---- 図（3）→（1）へのライン
2220 PP=0
2230 FOR I=3 TO AU
2240 Z1=BBZ-VZ1(I)-DZ  : Y1=BBX
2250 PP=PP+1
2260 IF I=AU THEN Y2=YG(PP-1) : GOTO 2280
2270 Y2=YG(PP)
2280 LINE (Y1,Z1)-(Y2,Z1),4,,2
2290 NEXT I
2300 ' **** 図（4）の作図
2310 BBY=430     : BY=BBY-DY   : BX1=BX-150  : R33=70
2320 BBX1=BX1+DX
2330 FOR I=0 TO 4
2340 X1=BX1+WX : X2=BX1+2*WX
2350 Y1=BBY-I*WY : Y2=BBY-(I+1)*WY : C=5
2360 IF I=4 THEN C=6
2370 LINE (X1,Y1)-(X2,Y2),C,B
2380 NEXT I
2390 LINE (BBX1,BY)-(BBX1+R33,BY)
2400 LINE (BBX1,BY)-(BBX1,BY-R3)
2410 LINE (BX1-10,BBY)-(BX1+R33+20,BBY)
```

```
2420 LINE (BX1,BBY+10)-(BX1,BBY-R3-10)
2430 '＊＊＊＊図（5）の作図
2440 BBY=430     : BY=BBY-DY    : BX2=BX+200  : R33=70
2450 BBX2=BX2+DX
2460 FOR I=0 TO 4
2470 X1=BX2+WX  : X2=BX2+2*WX
2480 Y1=BBY-I*WY : Y2=BBY-(I+1)*WY   : C=5
2490 IF I=4 THEN C=6
2500 LINE (X1,Y1)-(X2,Y2),C,B
2510 NEXT I
2520 LINE (BBX2,BY)-(BBX2+R33,BY)
2530 LINE (BBX2,BY)-(BBX2,BY-R3)
2540 LINE (BX2-10,BBY)-(BX2+R33+20,BBY)
2550 LOCATE  25, 2, 1:PRINT"(3)"
2560 LOCATE  50, 2, 1:PRINT"(1)"
2570 LOCATE  25,12, 1:PRINT"(4)"
2580 LOCATE  40,12, 1:PRINT"(2)"
2590 LOCATE  65,12, 1:PRINT"(5)"
2600 LOCATE   0, 0, 1
2610 PRINT" IETDF  1 quad. "
2620 INPUT A$
2630 CLS 3
2640 END
```

第 5 章
球体類と運動のアルゴリズム

5.1 アルゴリズム：RENG
（傾斜楕円周への長方形コアの積み上げ図）

アルゴリズム：RENG は，2次元での座標原点を中心として傾斜した楕円周への長方形コア RCT の積み上げ図であり，LCS 本図 18.2.8 に相当する．座標軸と径が平行な場合はすでにアルゴリズム：ERRP に示してあるが，コアの大きさを十分に小さくとれば楕円を傾斜してもそのコア数には大差ないと思われがちであるが，そうはならない．この傾斜楕円では傾斜角度 θ に依存するのである．コアが正方形の場合，積み上げコア数が最小になるのは軸平行楕円（$\theta=0$）であり，最大になるのは 45°に傾斜したときである．そのときのコア数の比は最大（$\theta=45°$）では，最小（$\theta=0$）のおよそ $\sqrt{2}$ 倍となる．

本アルゴリズムとアルゴリズム：ERRP では，その構造が大きく異なっている．それは軸平行楕円の極点が軸上にのみ存在する（より正確には軸に接するコア内）のに対し，傾斜楕円の複数の極点は θ とともに変化する．さらに，本アルゴリズムには楕円の回転とともに座標系の回転（引き戻し）を含むからである．この回転する楕円の簡単な線形的1元関数を求めるのは難しいため，引き戻しを必要とする．楕円のような多様体と座標系は本来相対的なものである．本アルゴリズムによってこれらの違いを確かめてほしい．

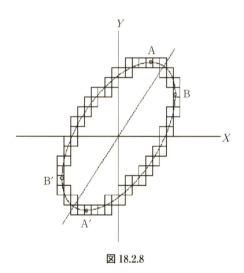

図 18.2.8

<アルゴリズムの解説>

アルゴリズム：RENG は2次元での座標原点を中心として傾斜した楕円を扱うため，条件は以下のようになる．

$$\Delta x = \Delta y = 0 \tag{P 15}$$

式（P 15）の条件により図は原点を中心に180°の対称であるから x 軸を境に上部のみを計算し

て下部は対称性に基づき写せばよい．

アルゴリズムの流れと行番号を以下に示す．

① LP_x，LP_y の2つの極点の算出　　　　　行番号　　370-500
　　　↓
② 回転した傾斜格子と傾斜楕円 SLE の交点算出　　行番号　　530-630
　　　↓
③ $α$，$β$，$γ$ 域の積み上げ範囲の設定　　　　行番号　　640-760
　　　↓
④ $α$，$β$，$γ$ 域でのコアの積み上げ作図　　　行番号　　800-1380
　　　↓
⑤ コア総数の算出　　　　　　　　　　　　　　　行番号　　1410-1440

そのほか，回転系の作図行番号 1470-1640，極点の図示行番号 1660-1690 である．回転による x，y の座標系には，回転によって x 軸が y 軸に変わるなどの任意性があるが，コアの積み上げは座標系による．コアを y 方向に積み上げると③での設定が x 軸での WX 幅となる．

入力諸元の中で角度係数 DU の値は式(P 16) に示すように DU=0〜1 の間の実数値である．

$$\theta = \frac{DU \cdot \pi}{2} \quad : \quad 0 \leq \theta < \frac{\pi}{2} \quad : \quad 0 \leq DU < 1 \tag{P 16}$$

また，出力諸元では傾斜角度 SIG=θ（ラジアン），実際のコア積み上げ個数を N=，LCS 本式 (18.2.54) によるコア個数を NC=，LCS 本式 (18.2.59) によるコア個数を TN=，さらに離散構造式によるコア数を DSE=でそれぞれ示してある．基本的には N=NC=TN でなければならないことを確認してほしい．また，COL=の入力によって，COL=0 ではモノクロ，COL=1 では $α$，$β$，$γ$ 域の積み上げコアが色別に表示される．このカラー化によって $α$，$β$，$γ$ 域の積み上げがどのように積み上げられているのかわかるようになっている．

5.1 アルゴリズム：RENG（傾斜楕円周への長方形コアの積み上げ図）

```
100 ' " RENG "
110 ' Figure of Ellipse Piling Rotetion   by M.Samata
120 ' Coodanate Rotetion  Change Method with XP=YP=0
130 SCREEN 3,0,0,1:CONSOLE 0,25,0,1:WIDTH 80,25:CLS 3
140 WIDTH LPRINT 70
150 PA=3.14159265358979#
160 DIM GY(400),GX(400),GGY(400)
170 CLS 3
180 ' - - - -
190 DU=.63#                     :'角度係数
200 ' - - - -
210 COL=1                       :'コアのカラーＣＯＬ＝１
220 ' - - -
230 RX=18.3#                    :'Ｘ軸方向径
240 RY=8.3#                     :'Ｙ軸方向径
250 WX=1.8#                     :'コアＸ辺長
260 WY=1.3#                     :'コアＹ辺長
270 ' - - -
280 BX=300
290 BY=250
300 IF RX>=RY THEN RRG=RX ELSE RRG=RY
310 SQ=150/RRG                  :'画像拡大率
320 ' - - - - 角度変換式
330 SIG=DU*PA/2
340 CO=COS(SIG) : SI=SIN(SIG) : TA=TAN(SIG)
350 ' - - - -
360 ' * * * * ＬＰｘ、ＬＰｙの極点計算
370 RY1=RY
380 AD=RX*CO         : BD=RY1*SI
390 AD1=RX*SI        : BD1=RY1*CO
400 '
410 T1=SQR(AD^2+BD^2)   : T2=SQR(AD1^2+BD1^2)
420 WW=CO*SI*(RX^2-RY^2)  : TX=WW/T1 : TY=WW/T2
430 MX=T1 : MY=TX : MX1=TY : MY1=T2  :'式（18.2.64）（18.2.67）
440 N3=FIX(MX/WX)
450 MLY1=FIX(MY/WY)   :   MLY2=FIX(MY1/WY)
460 N2=FIX(MX1/WX)   :'N1,N2,N3,N4は図（18.2.6）の　C,A,B,DのＸコア列
470 ' - - - - ＬＣＳ本図（18.2.7）でのＡｍ値
480 ' - - - - 式（18.2.47）
490 H1=(RX*RY)^2 : H2=(RY*CO)^2 : H3=(RX*SI)^2
500 MMX=SQR(H1/(H2+H3))      : N1=-FIX(MMX/WX) : N4=-N1
510 ' - - - - 傾斜格子と楕円Ｅｏの交点と
520 ' - - - - α、β、γ領域の指定
530 N=0 : UUN=0
540 FOR J= N1 TO N3
550 AU=1/TA                    :'式（18.2.34）
560 BU=-J*WX/SI
570 KA=1/RX^2+(AU/RY)^2        :'式（18.2.36）
580 KB=AU*BU/(RY)^2
590 KC=(BU/RY)^2-1
600 HAN=KB^2-KA*KC             :'式（18.2.37）
610 X1=(-KB+SQR(HAN))/KA       :'式（18.2.38）
620 Y1=AU*X1+BU
630 X2=J*WX*CO : Y2=-J*WX*SI
640 YRR=SQR((X1-X2)^2+(Y1-Y2)^2)    :'式（18.2.39）
650 YC=FIX(YRR/WY) : N=N+1 : GY(N)=YC : GX(N)=J :'式（18.2.52）
660     IF J=N2+1 THEN 670 ELSE 690     :'式（18.2.51）
670 NS=N
```

```
680 IF GY(N)<MLY2 THEN GY(N)=MLY2
690 IF J=N4+1 THEN NTN=N
700 IF J> N4 THEN 710 ELSE 740          :'γ域の指定
710 XX=(-KB-SQR(HAN))/KA
720 YY=AU*XX+BU
730 YRY=SQR((XX-X2)^2+(YY-Y2)^2) : GGY(N)=FIX(YRY/WY)
740 NEXT J
750 IF N2=N3 THEN NS=N2+N4+1
760 IF N4=N3 THEN NTN=N3-N1+1: UUN=NTN
770 ' - -
780 ' * * * * α、β、γ域でのコアの積み上げ
790 ' - -
800 IF COL=0 THEN 810 ELSE 820
810 CC1=7 :CC2=7 : CC3=7        : GOTO 840
820 CC1=6 :CC2=5 : CC3=3
830 ' - -   α域積み上げ
840 G1=0      : NN=0 : NNC=0
850 GG11=G1 : NN1=NS : GG12=GY(NS)      :'式 (18.2.58)
860 ' - -
870 FOR J=1 TO NS               :'X列計測
880 G2=GY(J)  : NX=GX(J)
890 FOR I=G1 TO G2              :'Y方向積み上げ
900 X1=BX+(NX-1)*WX*SQ : X2=BX+NX*WX*SQ
910 Y1=BY-I*WY*SQ   : Y2=BY-(I+1)*WY*SQ
920 LINE (X1,Y1)-(X2,Y2),CC1,B    : NN=NN+1 :'+Y方向α域コア
930 X3=BX-(NX-1)*WX*SQ : X4=BX-NX*WX*SQ
940 Y3=BY+I*WY*SQ   : Y4=BY+(I+1)*WY*SQ
950 LINE (X3,Y3)-(X4,Y4),CC1,B    :'-Y方向α域コア
960 NEXT I
970 NNC=NNC+G2-G1+1
980 G1=G2
990 NEXT J
1000 '
1010 ' - -   β域積み上げ
1020 G1=FIX(MY/WY)
1030 GG21=G1 : NN2=N-NS+1 : GG22=GY(NS)
1040 ' - -
1050 FOR J=N   TO NS STEP -1      :'X列計測
1060 G2=GY(J)  : NX=GX(J)
1070    IF J=N+1 THEN G2=MLY1
1080 FOR I=G1 TO G2              :'Y方向積み上げ
1090   X1=BX+NX*WX*SQ : X2=BX+(NX+1)*WX*SQ
1100 Y1=BY-I*WY*SQ   : Y2=BY-(I+1)*WY*SQ
1110 LINE (X1,Y1)-(X2,Y2),CC2,B    : NN=NN+1 :'+Y方向β域コア
1120 X3=BX-NX*WX*SQ : X4=BX-(NX+1)*WX*SQ
1130 Y3=BY+I*WY*SQ   : Y4=BY+(I+1)*WY*SQ
1140 LINE (X3,Y3)-(X4,Y4),CC2,B    :'-Y方向β域コア
1150 NEXT I
1160 NNC=NNC+G2-G1+1
1170 G1=G2
1180 NEXT J
1190 '
1200 ' - -   γ域の積み上げ
1210 G1=0
1220 GG31=G1 : NN3=N+1-NTN+1 : GG32=MLY1-1
1230 ' - -
1240 FOR J=NTN TO N+1            :'X列計測
1250    IF J=N+1 THEN G2=MLY1-1 : NX=NX+1 : GOTO 1270
```

5.1 アルゴリズム：RENG（傾斜楕円周への長方形コアの積み上げ図）

```
1260 G2=GGY(J)   : NX=GX(J)
1270 FOR I=G1 TO G2           :'Y方向積み上げ
1280    IF J=UUN THEN 1350
1290 X1=BX+(NX-1)*WX*SQ : X2=BX+NX*WX*SQ
1300 Y1=BY-I*WY*SQ  : Y2=BY-(I+1)*WY*SQ
1310 LINE (X1,Y1)-(X2,Y2),CC3,B   : NN=NN+1 :'+Y方向γ域コア
1320 X3=BX-(NX-1)*WX*SQ : X4=BX-NX*WX*SQ
1330 Y3=BY+I*WY*SQ  : Y4=BY+(I+1)*WY*SQ
1340 LINE (X3,Y3)-(X4,Y4),CC3,B      :'-Y方向γ域コア
1350 NEXT I
1360 NNC=NNC+G2-G1+1
1370 G1=G2
1380 NEXT J
1390 ' * * * * *
1400 ' - - - - コアの総計
1410 GG51=GG11+GG21+GG31        :'式（18.2.58）
1420 GG52=GG12+GG22+GG32
1430 NN5=NN1+NN2+NN3
1440 TTN=(GG52-GG51+NN5)*2      :'式（18.2.59）
1450 ' - - - - - -
1460 ' * * * * * 回転系の作図
1470 RR=150
1480 LINE (BX-RR,BY)-(BX+RR,BY)
1490 LINE (BX,BY+RR)-(BX,BY-RR)
1500 '
1510 R1=RX+30
1520 X1=R1*COS(SIG) : Y1=R1*SIN(SIG)
1530   LINE (BX-X1,BY+Y1)-(BX+X1,BY-Y1)
1540 FOR I=0 TO PA*2 STEP .01    :'傾斜楕円の作図
1550 X=RX*COS(I) : Y=RY*SIN(I)
1560 X1=BX+X*SQ    : Y1=BY-Y*SQ
1570    ' PSET (X1,Y1)
1580 ' - - - - - 回転公式
1590 X2=X*CO-Y*SI
1600 Y2=X*SI+Y*CO
1610 ' - - - - -
1620 X3=BX+X2*SQ : Y3=BY-Y2*SQ
1630 PSET (X3,Y3)
1640 NEXT I
1650 ' - - - - ＬＰｘ、ＬＰｙの点作図
1660 CIRCLE (BX+MX*SQ,BY-MY*SQ),2
1670 CIRCLE (BX-MX*SQ,BY+MY*SQ),2
1680 CIRCLE (BX+MX1*SQ,BY-MY1*SQ),2
1690 CIRCLE (BX-MX1*SQ,BY+MY1*SQ),2
1700 HNN=2*NN
1710 CNC=2*NNC
1720 SW=4*(MX/WX+MY1/WY) : KIN=CINT(SW) :'離散構造式
1730 PRINT" RENG "
1740 PRINT" RX=";RX
1750 PRINT" RY=";RY
1760 PRINT" WX=";WX
1770 PRINT" WY=";WY
1780 PRINT USING" SIG=#.###";SIG   :'角度（ラジアン）
1790 PRINT" N=";HNN          :'実計測コア数
1800 PRINT"NC=";CNC          :'式（18.2.54）によるコア数
1810 PRINT"TN=";TTN          :'式（18.2.59）によるコア数
1820 PRINT"DSE=";KIN         :'離散構造式によるコア数
1830 INPUT A$
```

```
1840 CLS 3
1850 END
```

5.2 アルゴリズム：REEG
（傾斜楕円面への長方形コアの積み上げ図）

アルゴリズム：REEG は，LCS 本図 18.2.9 に示した 2 次元での座標原点を中心として傾斜した楕円面への長方形コア RCT の積み上げ図である．したがって，アルゴリズム：RENG の一部修正により得られる．RENG では α, β, γ 域の 3 域での積み上げが必要になったが，REEG では α, β 域のみでよい．しかし，本アルゴリズムでの y 方向の積み上げでは，最上段コアとして α, β 域の最上段コア {G1} をとるが，最下段コアは x 軸に接したコアと楕円周での γ 域での最下段コア {G2} をとり {G1}～{G2} の間をコアで埋めることになる．この操作は多少面倒なので COL=1 の入力によりカラーで判別できるので試してほしい．

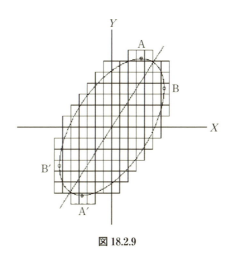

図 18.2.9

＜アルゴリズムの解説＞

アルゴリズム：REEG は式 (P15) で条件づけられたアルゴリズム：RENG の一部修正で得られる．ここでは，この修正部分のみを述べる．修正部分は α, β 域での積み上げ部分のみとなる．

＜α 域全面積み上げ＞　y 方向の最下段コアは行番号 790 の G1 で，最上段コアは行番号 840 の G2 で指定されている．

＜β 域全面積み上げ＞　y 方向の最下段コアは行番号 990 の G1 で，最上段コアは行番号 1000, 1010 の G2 でそれぞれ指定されている．

また，α, β 域でのそれぞれの積み上げコアは，COL=1 の入力によってそれぞれカラーで見分けることができる．さらに，図中には LP_x, LP_y の極点の位置も○印で示してある．

```
100 ' " REEG "
110 ' Figure of Ellipse Suface piling Rotetion Figure
120 ' Coodanate Rotetion  Change Method with XP=TP=0
130 '      by M.Samata
140 SCREEN 3,0,0,1:CONSOLE 0,25,0,1:WIDTH 80,25:CLS 3
150 WIDTH LPRINT 70
160 PA=3.14159265358979#
170 DIM GY(200),GX(200),GGY(200)
180 CLS 3
190 ' - - - - -
200 DU=.63#              :'角度係数
210 ' - - - - -
220 COL=0                :'モノクロ、カラー入力
230 ' - - - - -
240 RX=13.6#             :'X軸方向径
250 RY=6.3#              :'Y軸方向径
260 WX=1.4#              :'コアX辺長
270 WY=1.2#              :'コアY軸辺長
280 ' - - - - -
290 BX=300
300 BY=250
310 RR=150
320 IF RX>=RY THEN RRG=RX ELSE RRG=RY
330 SQ=150/RRG
340 SIG=DU*PA/2
350 CO=COS(SIG) : SI=SIN(SIG) : TA=TAN(SIG)
360 ' - - - - -モノクロ、カラー変換
370 IF COL=0 THEN 380 ELSE 390
380 C1=7 : C2=7 : GOTO 420
390 C1=3 : C2=6
400 ' - - - - -
410 ' * * * L P x、L P y の極点計算
420 RY1=RY             : ' Condition Y=B
430 AD=RX*CO           : BD=RY1*SI
440 AD1=RX*SI          : BD1=RY1*CO
450 '
460 T1=SQR(AD^2+BD^2)   : T2=SQR(AD1^2+BD1^2)
470 WW=CO*SI*(RX^2-RY^2) : TX=WW/T1 : TY=WW/T2
480 MX=T1 : MY=TX : MX1=TY : MY1=T2
490  N3=FIX(MX/WX)
500  N2=FIX(MX1/WX)
510  '
520 H1=(RX*RY)^2 : H2=(RY*CO)^2 : H3=(RX*SI)^2
530 MMX=SQR(H1/(H2+H3))           : N1=-FIX(MMX/WX) : N4=-N1
540 ' - - - 傾斜格子によるα、β域の指定
550 N=0 : UUN=0
560 FOR J= N1 TO N3
570 AU=1/TA
580 BU=-J*WX/SI
590 KA=1/RX^2+(AU/RY)^2
600 KB=AU*BU/(RY)^2
610 KC=(BU/RY)^2-1
620 HAN=KB^2-KA*KC
630 X1=(-KB+SQR(HAN))/KA
640 Y1=AU*X1+BU
650 X2=J*WX*CO : Y2=-J*WX*SI
660 YRR=SQR((X1-X2)^2+(Y1-Y2)^2)
670 YC=FIX(YRR/WY) : N=N+1 : GY(N)=YC : GX(N)=J
```

```
680    IF J=N2+1 THEN NS=N
690 IF J=N4+1 THEN NTN=N
700 IF J> N4 THEN 710 ELSE 740
710 XX=(-KB-SQR(HAN))/KA
720 YY=AU*XX+BU
730 YRY=SQR((XX-X2)^2+(YY-Y2)^2) : GGY(N)=FIX(YRY/WY)
740 NEXT J
750   IF N2=N3 THEN NS=N2+N4+1
760 IF N4=N3 THEN NTN=N3-N1+1: UUN=NTN
770 ’－－α、β域の全面コア積み上げ
780 ’－－α域の積み上げ
790 G1=0    : NN=0 : NNC=0         :’Y方向最下段コア
800 ’－－
810 GG11=G1 : NN1=NS : GG12=GY(NS)
820 ’－－
830 FOR J=1 TO NS
840 G2=GY(J)  : NX=GX(J)           :’Y方向最上段コア
850 FOR I=G1 TO G2
860 X1=BX+(NX-1)*WX*SQ : X2=BX+NX*WX*SQ
870 Y1=BY-I*WY*SQ   : Y2=BY-(I+1)*WY*SQ
880 LINE (X1,Y1)-(X2,Y2),C1,B     : NN=NN+1
890 X3=BX-(NX-1)*WX*SQ : X4=BX-NX*WX*SQ
900 Y3=BY+I*WY*SQ   : Y4=BY+(I+1)*WY*SQ
910 LINE (X3,Y3)-(X4,Y4),C1,B
920 NEXT I
930 NNC=NNC+G2-G1+1
940 G1=GGY(J)
950 NEXT J
960 ’
970 ’－－β域の積み上げ
980 FOR J=N    TO NS STEP -1
990  NX=GX(J)  : G1=GGY(J)       :’Y方向最下段コア
1000 G2=GY(J)                    :’Y方向最上段コア
1010    IF J=N+1 THEN G2=MLY1
1020 FOR I=G1 TO G2
1030   X1=BX+NX*WX*SQ : X2=BX+(NX+1)*WX*SQ
1040 Y1=BY-I*WY*SQ   : Y2=BY-(I+1)*WY*SQ
1050 LINE (X1,Y1)-(X2,Y2),C2,B    : NN=NN+1
1060 X3=BX-NX*WX*SQ : X4=BX-(NX+1)*WX*SQ
1070 Y3=BY+I*WY*SQ   : Y4=BY+(I+1)*WY*SQ
1080 LINE (X3,Y3)-(X4,Y4),C2,B
1090 NEXT I
1100 NNC=NNC+G2-G1+1
1110 NEXT J
1120 ’－－
1130 ’＊＊回転の作図
1140 LINE (BX-RR,BY)-(BX+RR,BY)
1150 LINE (BX,BY+RR)-(BX,BY-RR)
1160 ’
1170 R1=RX+30
1180 X1=R1*COS(SIG) : Y1=R1*SIN(SIG)
1190   LINE (BX-X1,BY+Y1)-(BX+X1,BY-Y1)
1200 FOR I=0 TO PA*2 STEP .01
1210 X=RX*COS(I) : Y=RY*SIN(I)
1220 X1=BX+X*SQ    : Y1=BY-Y*SQ
1230 ’ － － － － －
1240 X2=X*CO-Y*SI
1250 Y2=X*SI+Y*CO
```

```
1260 ' - - - - - -
1270 X3=BX+X2*SQ: Y3=BY-Y2*SQ
1280 PSET (X3,Y3)
1290 NEXT I
1300 ' - - - - - ＬＰｘ、ＬＰｙの点作図
1310 CIRCLE (BX+MX*SQ,BY-MY*SQ),2
1320 CIRCLE (BX-MX*SQ,BY+MY*SQ),2
1330 CIRCLE (BX+MX1*SQ,BY-MY1*SQ),2
1340 CIRCLE (BX-MX1*SQ,BY+MY1*SQ),2
1350 HNN=2*NN
1360 CNC=2*NNC
1370 ' - - - - - 離散構造式
1380 SW=2*(MX/WX+MY1/WY)+PA*RX*RY/(WX*WY)   : KIN=CINT(SW)
1390 ' - - - - - -
1400 PRINT" CAL:REEG1 "
1410 PRINT" RX=";RX
1420 PRINT" RY=";RY
1430 PRINT"  A=";AA
1440 PRINT"  B=";BB
1450 PRINT USING" SIG=#.###";SIG  :'回転角度（ラジアン）
1460 PRINT" N=";HNN                :'実計測コア数
1470 PRINT"NC=";CNC                :'式（18.2.71）によるコア数
1480 PRINT"DSE=";KIN               :'離散構造式 によるコア数
1490 INPUT A$
1500 CLS 3
1510 END
```

5.3 アルゴリズム：FRTN（回転円板のスケルトン図）

　本アルゴリズムは，3次元における自由回転円板のスケルトン図であり，LCS本では図18.5.6に対応する．座標軸原点に中心をもつ球があり，球が自由に回転するときのその赤道面への直方体コアRTGの積み上げとなっている．一般に球の切断面は円であるが，その2次元投影は楕円形として写される．したがって，絵画では円形容器は楕円形で描かれないと立体的には見えないのである．自由回転円板CDへのRTGの積み上げは可能であるが，本アルゴリズムは領域分割法を用いる際のスケルトン図の作成方法が示されている．CDの2次元投影が傾斜楕円SLEとなることから，アルゴリズムは大別して楕円面にコアの張られたSLEの作成と等高線の作成の2つのモジュールに分かれている．その際，円の3次元回転と同時に座標系の回転によるその引き戻しを必要とする．読者には，ここでこの関係によく馴染まれることを勧める．

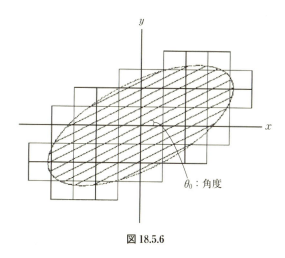

図 18.5.6

＜アルゴリズムの解説＞

アルゴリズム：FRTN での構成を以下に示す．

①	回転および等高線の演算式	行番号	340-480
②	xy 面への投影楕円と楕円面へのコア積み上げ		
	＋y 面での LCS 本図 18.2.6 の C, A, B, D 点の設定	行番号	520-640
	α, β, γ 域のコア積み上げ指定	行番号	670-880
	傾斜楕円面へのコア積み上げ作図	行番号	910-1430
③	等高線の計算と作図	行番号	1460-1610
④	離散構造式の計算	行番号	1630-1770

　②のモジュールは，アルゴリズム：REEG に3次元対応を付加しただけとなっている．この場

合，行番号 590 の設定値が REEG と異なることに注意する．③では SLE の内部に等高線を引くにあたって，引き戻しが必要になるが，そのときに必要な演算式が①にまとめて記してある．

　入力条件の 3 次元での角度は

　　A1：xz 面の角度係数

　　A2：zy 面の角度係数

　　A3：yx 面の角度係数

であり，このA1～A3の値は式(P 16) と同じである．また，適用範囲は

　　　　$0 < A1, A2, A3 < 1$ 　　　　　　　　　　　　　　　　　　　　　　(P 17)

である．実際にはこの 3 つの面にそれぞれ等高線が作成されるが，どの場合も結果は同じであるから，アルゴリズムでは xy 面の等高線のみを示してある．出力諸元としては傾斜楕円面に積み上げられたコアの実測個数を N＝ に，WW＝Y1－Y2＋1 の計算式による楕円面のコア数を NC＝ に，等高線数を NZ＝ に，さらに等高線の幅 D 値を DZ＝ にそれぞれ示してある．また，④の CD の離散構造式から得られた値を DSE＝ に示すようにした．

5.3 アルゴリズム：FRTN（回転円板のスケルトン図）

```
100 ' " FRTN "
110 ' Figures of Contours and  Ellipse Piling Rotetion Circle Disk
120 ' Angles at A1,A2,A3    by M.Samata
130 SCREEN 3,0,0,1:CONSOLE 0,25,0,1:WIDTH 80,25:CLS 3
140 WIDTH LPRINT 70
150 PA=3.14159265358979#
160 DIM GY(200),GX(200),GGY(200)
170 CLS 3
180 SG=PA/2
190 ' - - - -
200 A1=.6#                      :'ＸＺ面回転角度係数
210 A2=.4#                      :'ＺＹ面回転角度係数
220 A3=.3#                      :'ＹＸ面回転角度係数
230 ' - - - -
240 R=25.1#                     :'円板半径
250 WX=3.7#                     :'コアＸ辺長
260 WY=2.1#                     :'コアＹ辺長
270 WZ=1.3#                     :'コアＺ辺長
280 ' - - - -
290 BX=300
300 BY=250
310 RX=R
320 SQ=150/R
330 ' - - - - 回転公式
340 SG1=SG*A1 : SG2=SG*A2 : SG3=SG*A3
350 S1=SIN(SG1) : C1=COS(SG1)
360 S2=SIN(SG2) : C2=COS(SG2)
370 S3=SIN(SG3) : C3=COS(SG3)
380 ' - - - - 等高線作成式
390 Q1=S1*S2^2 : Q2=C1*S2 : Q3=S1*C2^2    :'式（18.5.14）
400 AQ1=(Q1*C3-Q2*S3+Q3*C3)/S2             :'式（18.5.15）
410 CQ1=(Q1*S3+Q2*C3+Q3*S3)/S2             :'式（18.5.15）
420 ' - - - - - - 式（18.5.18）のθoによる三角変換
430 USU=SQR(AQ1^2+CQ1^2)
440 CO=CQ1/USU
450 SI=AQ1/USU
460 TA=AQ1/CQ1
470 ' - - - - - -
480 RY=R*C1*C2              :'式（18.5.19）による楕円径
490 ' - - - - - -
500 '
510 ' * * * 図18.2.6のＣ，Ａ，Ｂ、Ｄ点のＮ１～Ｎ４の設定
520 RY1=RY
530 AD=RX*CO          : BD=RY1*SI
540 AD1=RX*SI         : BD1=RY1*CO
550 '
560 T1=SQR(AD^2+BD^2) : T2=SQR(AD1^2+BD1^2)
570 WW=CO*SI*(RX^2-RY^2) : TX=WW/T1 : TY=WW/T2
580 ' - - - - A1,A2,A3の角度によるN1-N4値
590 MX1=T1 : MY1=TX : MX=TY : MY=T2
600 N3=FIX(MX1/WX)
610 N2=FIX(MX/WX)
620 ' - - - -
630 H1=(RX*RY)^2 : H2=(RY*CO)^2 : H3=(RX*SI)^2
640 MMX=SQR(H1/(H2+H3))           : N1=-FIX(MMX/WX) : N4=-N1
650 '
660 ' - - α、β、γ域のコア積み上げ指定
670 N=0
```

```
680 FOR J= N1 TO N3
690 AU=1/TA
700 BU=-J*WX/SI
710 KA=1/RX^2+(AU/RY)^2
720 KB=AU*BU/(RY)^2
730 KC=(BU/RY)^2-1
740 HAN=KB^2-KA*KC
750 X1=(-KB+SQR(HAN))/KA
760 Y1=AU*X1+BU
770 X2=J*WX*CO : Y2=-J*WX*SI
780 YRR=SQR((X1-X2)^2+(Y1-Y2)^2)
790 YC=FIX(YRR/WY) : N=N+1 : GY(N)=YC : GX(N)=J
800 IF J=N2+1 THEN GY(N)=FIX(MY/WY) : NS=N
810 IF J=N4+1 THEN NTN=N
820 GGY(N)=0
830 IF J> N4   THEN 840 ELSE 870
840 XX=(-KB-SQR(HAN))/KA
850 YY=AU*XX+BU
860 YRY=SQR((XX-X2)^2+(YY-Y2)^2) : GGY(N)=FIX(YRY/WY)
870 NEXT J
880  IF N2=N3 THEN NS=N2+N4+1
890 '**** 楕円面へのコア積み上げ
900 '-- α域積み上げ
910 G1=0    : NN=0 : NNC=0
920 '- -
930 GG11=G1 : NN1=NS : GG12=GY(NS)
940 '- -
950 FOR J=1 TO NS
960 G2=GY(J)  : NX=GX(J)
970 FOR I=G1    TO G2
980 X1=BX+(NX-1)*WX*SQ : X2=BX+NX*WX*SQ
990 Y1=BY-I*WY*SQ   : Y2=BY-(I+1)*WY*SQ
1000 LINE (X1,Y1)-(X2,Y2),,B    : NN=NN+1
1010 X3=BX-(NX-1)*WX*SQ : X4=BX-NX*WX*SQ
1020 Y3=BY+I*WY*SQ   : Y4=BY+(I+1)*WY*SQ
1030    LINE (X3,Y3)-(X4,Y4),,B
1040 NEXT I
1050 NNC=NNC+G2-G1+1
1060    G1=GGY(J)
1070 NEXT J
1080 '
1090 '-- β域積み上げ
1100 G1=FIX(MY1/WY)
1110 '- -
1120 GG21=G1 : NN2=N-NS+1 : GG22=GY(NS)
1130 '- -
1140 FOR J=N  TO NS   STEP -1
1150 G2=GY(J)  : NX=GX(J)  : G1=GGY(J)
1160 FOR I=G1 TO G2
1170   X1=BX+NX*WX*SQ : X2=BX+(NX+1)*WX*SQ
1180 Y1=BY-I*WY*SQ  : Y2=BY-(I+1)*WY*SQ
1190 LINE (X1,Y1)-(X2,Y2),,B    : NN=NN+1
1200 X3=BX-NX*WX*SQ : X4=BX-(NX+1)*WX*SQ
1210 Y3=BY+I*WY*SQ   : Y4=BY+(I+1)*WY*SQ
1220 LINE (X3,Y3)-(X4,Y4),,B
1230 NEXT I
1240 NNC=NNC+G2-G1+1
1250 NEXT J
```

```
1260 ' - - - - - -
1270 ' * * * 投影楕円の作図
1280 HN=180
1290 LINE (BX-HN,BY)-(BX+HN,BY)
1300 LINE (BX,BY+HN)-(BX,BY-HN)
1310 '
1320 R1=RX+50
1330 X1=R1*COS(SIG) : Y1=R1*SIN(SIG)
1340 FOR I=0 TO PA*2 STEP .005
1350 X=RX*COS(I) : Y=RY*SIN(I)
1360 X1=BX+X*SQ    : Y1=BY-Y*SQ
1370 ' - - -
1380 X2=X*CO-Y*SI
1390 Y2=X*SI+Y*CO
1400 ' - - - - - -
1410 X3=BX+X2*SQ : Y3=BY-Y2*SQ
1420 PSET (X3,Y3)
1430 NEXT I
1440 '
1450 ' * * * * 等高線の計算と作図
1460 BQ1=WZ*C2*C3/S2 : BQ2=WZ*C2*S3/S2 : '式(18.5.16)
1470 ' - - - - 式(18.5.22) (18.5.23)
1480 DZ=-BQ1+AQ1*BQ2/CQ1 : DZ1=ABS(DZ) : DDZ=DZ1*COS(GGS)
1490 DN=FIX(RY/DDZ)      : '式(18.5.25)
1500 ' - - - - 等高線の作図
1510 FOR J=0    TO DN
1520 X1=R*SQR(1-(J*DDZ/RY)^2)  : Y1=J*DDZ
1530 X2=X1*CO-Y1*SI : Y2=X1*SI+Y1*CO
1540 X3=-X1
1550 X4=X3*CO-Y1*SI : Y4=X3*SI+Y1*CO
1560 LINE (BX+X2*SQ,BY-Y2*SQ)-(BX+X4*SQ,BY-Y4*SQ),6
1570 Y5=-Y1
1580 X2=X1*CO-Y5*SI : Y2=X1*SI+Y5*CO
1590 X4=X3*CO-Y5*SI : Y4=X3*SI+Y5*CO
1600 LINE (BX+X2*SQ,BY-Y2*SQ)-(BX+X4*SQ,BY-Y4*SQ),6
1610 NEXT J
1620 ' - - - - 離散構造式
1630 TT1=SQR((R*CO)^2+(RY*SI)^2)
1640 CV1=ABS(R*CO)/TT1 : SV1=ABS(RY*SI)/TT1
1650 TT2=SQR((R*SI)^2+(RY*CO)^2)
1660 CV2=ABS(R*SI)/TT2 : SV2=ABS(RY*CO)/TT2
1670 NN11=SI*(RY*SV1/WX +R*CV2/WY)
1680 NN12=CO*(R*CV1/WX +RY*SV2/WY)
1690 NN1=2*(NN11+NN12)
1700 NN21=PA*R*RY/(WX*WY)
1710 NN22=1+(WX*SI+WY*CO)/DDZ
1720 NN2=NN21*NN22
1730 NN3=2*RY/DDZ
1740 NNN=NN1+NN2+NN3
1750 '
1760 HNN=2*NN
1770 CNC=2*NNC
1780 PRINT" FRTN "
1790 PRINT" RX=";RX
1800 PRINT" RY=";FIX(RY)
1810 PRINT" A1=";A1
1820 PRINT" A2=";A2
1830 PRINT" A3=";A3
```

```
1840 PRINT" N=";HNN              :'楕円面上の実測コア数
1850 PRINT"NC=";CNC              :'計測式による楕円面コア数
1860 PRINT"NZ=";2*DN+1           :'等高線数
1870 PRINT USING" DZ=##.###";DDZ :'等高線の幅D値
1880 PRINT
1890 PRINT"DSE=";FIX(NNN)        :'離散構造式
1900 INPUT A$
1910 CLS 3
1920 END
```

5.4 アルゴリズム：SMGP（3次元球体類の回転図）

　われわれの身の回りの立体形状にはピンポン玉，フットボール，ドーナツ等々あるが，これらが多様体なる一般には耳慣れない数学用語になると，球は楕円体の特例であり，球とトーラスではその幾何構造は異なることとなる．数学の教科書によるとなるほどとうなずける．しかし，この説明は見方によるのではなかろうか．われわれにはすべて同族な球体類であり，球は1球体次元の球体類，回転楕円体と円環トーラスはともに2球体次元の球体類となる．球体類の幾何構成はパラメータ幾何学を用いるときわめて単純明瞭にわかる．球体類で重要なのは，位相縮退とよばれる連続的位相変化による接続である．また，われわれの直方体コア RTG の被覆では，双射影とよばれる操作により離散構造式が導かれる．アルゴリズム：SMGP では，5球体の一般楕円環トーラス GET の立体形状の作図となっている．角度をさまざまに変えて見ることができるようになっている．また，R1〜R5 の球体半径としての基変数も入力可能なので，GET をいろいろ変えることもできるし，下記にデフォルト値を示す球，楕円体，ほかのトーラス族などの立体形状を見ることができる．さらに，基変数を少しずつ減少させることによって，球体類の位相縮退の様子を観察することができる．

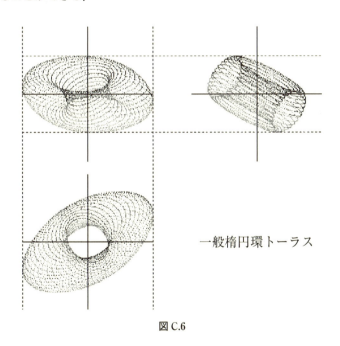

一般楕円環トーラス

図 C.6

＜アルゴリズムの解説＞
　アルゴリズム：SMGP での構成を以下に示す．
　　　回転公式　　　　　　　　　行番号　　320-390
　　　xy 面での作図　　　　　　行番号　　420-620

xz 面での作図	行番号	660-820
zy 面での作図	行番号	850-1020
限界（点線）ラインの作図	行番号	1040-1070

なお，多様体のパラメータ演算式は行番号 460-480，700-720，900-920 に示すが，すべて同じ式である．

＜角度係数＞ 角度係数は式(P 16)と同じ形式の係数である．A1，A2，A3 は 0～4 の間の実数値を用いるが，A1～A3 の 1 つをゼロを含む整数値で入力するとその面での水平画像が得られ，多様体の構造を知るのに便利なので試してみるとよい．また，各面の＋面は白色，－面は紫色で配色し，立体形状が見やすくなっている．

＜球体類のマトリックス表現＞ GET と同じパラメータ構造をもつ 5 球体以下の球体類の R1～R5 のデフォルト値を以下に示しておく．

	R1	R2	R3	R4	R5
球	0	0	10	10	10
回転楕円体	0	0	14	14	8
全方位楕円体	0	0	14	7	9
円環トーラス	8	8	5	5	5
アップル体（内部も含む）	5	5	7	7	7
円環楕円トーラス	8	8	5	5	7
一般楕円環トーラス	10	7	3	2	5
等比楕円環トーラス	10	2	$\beta\cdot R1$	$\beta\cdot R1$	5

ただし，$\alpha=0.7$，$\beta=\dfrac{1-\alpha}{1+\alpha}$

上の表の行列マトリックスは，同値類による同じパラメータ構造での球体類の類別を表している．1 つ 1 つの幾何構造の違いをアルゴリズムの入力修正で試してほしい．また，余力のある読者は LCS 本にあるクラッシュリングや傾斜楕円環トーラスなどもパラメータ演算式の変更によって試されるとよい．なお，上表のマトリックスは複素次元にも拡張可能であり，すべての球体類はマトリックスで表現され類別されるようになる．

球体類はより多くの基変数による三角多項式の積によって，さらにより複雑な多次元球体類の構成が可能である．もし本アルゴリズムの修正により PC 上でそのような多様体を機械的に見出したとしても，LCS 本図 16.1.6 あるいは図 16.1.7 に示したような基本構造を見出さない限り，それが球体類とは言いがたい．しかし，努力しだいで，誰にでも見出す可能性はあるので大いにチャレンジされることを望みたい．

たとえば，物理での究極の M 理論に出てくるカラビ・ヤウ多様体なるものの外形は著者には何か複素多次元での球体類に見えるのだが，読者にはいかがであろうか．

```
100 '   " SMGP "
110 ' GENERAL ELLIPSE TORUS Torajectry of X,Y,Z at Parameters
120 ' Rotation of Sphere Manifold Groups    by M.Samata
130 SCREEN 3,0,0,1:CONSOLE 0,25,0,1:WIDTH 80,25:CLS 3
140 WIDTH LPRINT 70
150 PA=3.14159265358979#
160 CLS 3
170 ' * * * * *
180 R1=10           :' 球体半径（1）
190 R2=7            :' 球体半径（2）
200 R3=6            :' 球体半径（3）
210 R4=2#           :' 球体半径（4）
220 R5=5            :' 球体半径（5）
230 ' - - - - -
240 A1=.6#          :' ＸＺ面角度係数
250 A2=.5#          :' ＺＹ面角度係数
260 A3=.4#          :' ＹＸ面角度係数
270 ' * * * * *
280 SG=PA/2
290 SG1=SG*A1 : SG2=SG*A2 : SG3=SG*A3
300 C1=7     : C2=3
310 ' - - - - 回転公式
320 A=7
330 BX=220 : BY=130  : BL=100 : C=C1
340 BX1=BX+260 : BY1=BY+220
350 ST1=SIN(SG1) : CO1=COS(SG1)
360 ST2=SIN(SG2) : CO2=COS(SG2)
370 ST3=SIN(SG3) : CO3=COS(SG3)
380 MXY1=-9999 : MNY1=9999     :'点線ラインのデフォルト
390 MXX1=-9999 : MNX1=9999
400 '
410 ' * * * * ＸＹ面の作図
420 FOR V=0 TO 2*PA STEP .2#
430 IF V>PA THEN C=C2
440 FOR I=0 TO 2*PA STEP .05
450 ' - - - - パラメータ演算式
460 X=(R1+R3*COS(V))*COS(I)
470 Y=(R2+R4*COS(V))*SIN(I)
480 Z=R5*SIN(V)
490 ' - - - - 多様体と点線の作図
500 X1=X*CO1-Z*ST1    : Z1=X*ST1+Z*CO1
510 Z2=Z1*CO2-Y*ST2   : Y1=Z1*ST2+Y*CO2
520 Y2=Y1*CO3-X1*ST3  : X2=Y1*ST3+X1*CO3
530 XX=BX+X2*A : YY=BY-Y2*A
540 IF MXY1<Y2 THEN MXY1=Y2
550 IF MNY1>Y2 THEN MNY1=Y2
560 IF MXX1<X2 THEN MXX1=X2
570 IF MNX1>X2 THEN MNX1=X2
580 PSET (XX,YY),C
590 NEXT I
600 NEXT V
610 LINE (BX-BL,BY)-(BX+BL,BY)
620 LINE (BX,BY+BL)-(BX,BY-BL)
630 '
640 C=C1
650 ' * * * * ＸＺ面の作図
660 FOR V=0 TO 2*PA STEP .2#
670 IF V>PA THEN C=C2
```

```
680 FOR I=0 TO 2*PA STEP .05
690 '----パラメータ演算式
700 X=(R1+R3*COS(V))*COS(I)
710 Y=(R2+R4*COS(V))*SIN(I)
720 Z=R5*SIN(V)
730 '----多様体の作図
740 X1=X*CO1-Z*ST1  : Z1=X*ST1+Z*CO1
750 Z2=Z1*CO2-Y*ST2 : Y1=Z1*ST2+Y*CO2
760 Y2=Y1*CO3-X1*ST3 : X2=Y1*ST3+X1*CO3
770 XX=BX+X2*A : ZZ=BY1-Z2*A
780 PSET (XX,ZZ),C
790 NEXT I
800 NEXT V
810 LINE (BX,BY1+BL)-(BX,BY1-BL)
820 LINE (BX-BL,BY1)-(BX+BL,BY1)
830 '
840 '***** ＺＹ面の作図
850  C=C1
860 FOR V=0 TO 2*PA STEP .2#
870 IF V>PA THEN C=C2
880 FOR I=0 TO 2*PA STEP .05
890 '----パラメータ演算式
900 X=(R1+R3*COS(V))*COS(I)
910 Y=(R2+R4*COS(V))*SIN(I)
920 Z=R5*SIN(V)
930 '----多様体の作図
940 X1=X*CO1-Z*ST1  : Z1=X*ST1+Z*CO1
950 Z2=Z1*CO2-Y*ST2 : Y1=Z1*ST2+Y*CO2
960 Y2=Y1*CO3-X1*ST3 : X2=Y1*ST3+X1*CO3
970 ZZ=BX1+Z2*A : YY=BY-Y2*A
980 PSET (ZZ,YY),C
990 NEXT I
1000 NEXT V
1010 LINE (BX1,BY+BL)-(BX1,BY-BL)
1020 LINE (BX1-BL,BY)-(BX1+BL,BY)
1030 '---- 限界（点線）ラインの作図
1040 LINE (BX+MXX1*A,BY-BL)-(BX+MXX1*A,BY1+BL),,,2
1050 LINE (BX+MNX1*A,BY-BL)-(BX+MNX1*A,BY1+BL),,,2
1060 LINE (BX-BL,BY-MXY1*A)-(BX1+BL,BY-MXY1*A),,,2
1070 LINE (BX-BL,BY-MNY1*A)-(BX1+BL,BY-MNY1*A),,,2
1080 '
1090 PRINT" SMGP "
1100 PRINT"A1=";A1
1110 PRINT"A2=";A2
1120 PRINT"A3=";A3
1130 INPUT A$
1140 CLS 3
1150 END
```

おわりに

　天球のラビリンスを手に取ったとき，これは数学についての専門書なのか，何かの読み物なのかと奇異に感じられた方が少なくないように思う．今日の〇〇学の定番書とはかなり趣が異なっている．しかし，今日のように学問がきわめて細分化される以前には数学，技術，哲学，神学などが混然とした書は少なくなかったのではないだろうか．形を"数える"という原点に立てばそうならざるを得ないのである．

　本アルゴリズム集は，天球のラビリンスのベースにあるアルゴリズム群のほんの一部であるが，この25個の図形アルゴリズムによって天球のラビリンスの基本部分は網羅されていると思う．前半のおよそ15個は2次元での扱いであるが，2次元が未消化では3次元での理解はおぼつかない．したがって，2次元での記述にウェートをもたせて配置されている．

　天球のラビリンスには，引用や参考文献の記述がほとんどない．著者の知る限りでは「ガウスのサークル問題」だけである．この問題はガウスが素数定理などとともに後世に残されたらしく，欧米ではいろいろ議論されてきたようであるが，わが国ではあまり知られていないようである．著者の浅学のせいで探し忘れたのであろうと思われるが，残念な話である．半径 r の円内に入る格子点の数と πr^2 の間の最大誤差幅が $r^{2/3}$ のオーダーだという．この2/3乗とは奇妙な数でアルゴリズム：CNDCF にも載せられているが，天球のラビリンスの中にしばしば登場する．どうも最初のアルゴリズム：CMF1と深い関係にあるようである．

　天球のラビリンスにおける現状での到達点は何かと問われれば，やはり最後のアルゴリズム：SMGP に載せた球体類とその離散構造式の提唱であろう．球体類は SMGP で述べたようにマトリックスの表として記述できる．この表は階層別にさらに上位の表の作成が可能である．この1つ1つのマトリックスの要素は連続的位相変換群となっている．われわれはこのようにして最上層の幾何要素を手中にするだけで，自動的に球体類を把握できるようになると思われる．

　さて，著者はいわゆる数学者ではない．元々は環境学を実践を通して学んできた者である．環境の計測では誤差が付き物である．この誤差を追ううちにその奥に数学があり，そこに紛れ込んだのである．後で知ったのだが，その近くに「ガウスのサークル問題」があった．環境の視点から世界を見れば，地下資源を見つけた人類は温暖化や原子力問題があるにもかかわらず，これがもたらす膨大なエネルギーの呪縛から逃れられないようである．エネルギーは必ず枯渇する．エネルギーの枯渇後には，その間，開発されたほとんどの技術も消滅する．なぜならエネルギーサイクルが成り立たないからである．その後の人類に必要なのはもう一度，物の利用や数えるといった原点に立ち戻ることではなかろうか．その準備は今からでもしておかねばならない．

　本書副題の"以方極圓図数經"の解題をしておこう．これは"いほうきょくえんずすうけい"と読む．現代流に直せば「方形を以て円図を数えること，極めるの書」となる．昔，江戸時代に

は和算とよばれる世界があり，主流の関流以外にも地方に多くの算士とよばれる人々がおり，商人などさまざまな生業であったと聞く．したがって，和算の世界からすれば，著者は在野の無名算士の一人となろう．円理などの和算は当時の西洋数学にひけをとらなかったと聞くが，明治初期に和算は消滅した．いろいろ理由はあろうが西洋数学を超えることがなかったのが一番であろう．本書に和算での副題を掲げる意味がここにある．

西洋で育まれた合理的還元主義が数学を含めたさまざまな場所で，限界にあると叫ばれてから久しい．今まさに東洋からの風が求められているのではなかろうか．

最後に，ここに掲げた25のアルゴリズム群は何れも完全なものではない．アルゴリズムを操作すると意外と整数交点IJPが多いことに気づかれると思う．実は著者にもこれらのアルゴリズムが何をもたらすのかわかっていない．それはよくテストに出てくる既知の世界ではなく，創造の世界だと思うからである．

禁止事項

本書のコピー使用を禁止する．
付属CDのコピー（アルゴリズムの転送，プリントアウトなど購入者以外への供与なども含む）を禁止する．

本文に紙面で公表されたアルゴリズムの活用はよいが転売その他の社会的倫理・道義に反する行為は禁止する．

著者略歴
佐俣満夫（さまた みつお）
1949年　川崎市に生れる
1971年　東京理科大学理工学部工業化学科卒
1998年　金沢大学　博士（工学）（地球環境科学）
1976～2013年退職　横浜市環境科学研究所
著者へのコンタクトは
samatamitsuo@yahoo.co.jp
へどうぞ

著　書
『天球のラビリンス――切断代数と離散球体論』
（丸善プラネット，2014）

ベーシックによる
天球のラビリンス図形アルゴリズム集
――以方極圓図数經　　　　CD-ROM 付

2015年 1月20日　初版発行		
著作者	佐　俣　満　夫	©2015
発行所	丸善プラネット株式会社　　　　　　　　　　　　〒101-0051 東京都千代田区神田神保町二丁目17番　　　　　電　話 (03) 3512-8516　　　　　http://planet.maruzen.co.jp/	
発売所	丸善出版株式会社　　　　　　　　　　　　〒101-0051 東京都千代田区神田神保町二丁目17番　　　　　電　話 (03) 3512-3256　　　　　http://pub.maruzen.co.jp/	

組版・印刷／中央印刷株式会社
製本／株式会社　星共社

ISBN 978-4-86345-230-5 C 3041